新编特种作业人员安全技术培训考核统编教材

U0393552

钎 焊 作 业

主编　王长忠

中国劳动社会保障出版社

图书在版编目(CIP)数据

钎焊作业/王长忠主编. —北京:中国劳动社会保障出版社,2014
新编特种作业人员安全技术培训考核统编教材
ISBN 978 - 7 - 5167 - 1049 - 4

Ⅰ. ①钎… Ⅱ. ①王… Ⅲ. ①钎焊-技术培训-教材 Ⅳ. ①TG454

中国版本图书馆 CIP 数据核字(2014)第 096636 号

中国劳动社会保障出版社出版发行

(北京市惠新东街 1 号　邮政编码:100029)

*

北京金明盛印刷有限公司印刷装订　新华书店经销

880 毫米×1230 毫米　32 开本　7.75 印张　211 千字
2014 年 5 月第 1 版　　2014 年 5 月第 1 次印刷

定价:**23.00** 元

读者服务部电话:(010) 64929211/64921644/84643933

发行部电话:(010) 64961894

出版社网址:http://www.class.com.cn

编委会

杨有启　　王长忠　　魏长春　　任彦斌　　孙　超　　李总根
邢　磊　　王琛亮　　冯维君　　曹希桐　　马恩启　　徐晓燕
胡　军　　周永光　　刘喜良　　郭金霞　　康　枭　　马　龙
徐修发　　赵烨昕

本 书 主 编：王长忠
副 主 编：康枭
参加编写人员：于赢洋　邢　伟　郭金霞

内 容 提 要

　　本书根据国家安全生产监督管理总局颁布的《钎焊作业人员安全技术考核标准》和《钎焊作业人员安全技术培训大纲》，并针对焊接行业作业人员的要求，共有十二章内容，大部分内容注重钎焊方法与安全相应的操作训练。本书内容包括安全生产法律法规与安全管理、钎焊基础知识、钎焊安全基础知识、钎焊作业劳动卫生与防护、钎焊安全操作训练、火焰钎焊安全、电阻钎焊安全、感应钎焊安全、浸渍钎焊安全、炉中钎焊安全、电弧钎焊安全和碳弧钎焊安全。

　　本书结合生产实际需求编写，可作为各类生产型企业焊接相关的特种作业人员培训教材，也可作为企事业单位安全管理人员及相关技术人员参考用书。

前言

我国《劳动法》规定："从事特种作业的劳动者必须经过专门培训并取得特种作业资格。"我国《安全生产法》还规定："生产经营单位的特种作业人员必须按照国家有关规定经专门的安全作业培训，取得特种作业操作资格证书，方可上岗操作。"为了进一步落实《劳动法》《安全生产法》的上述规定，配合国家安全生产监督管理总局依法做好特种作业人员的培训考核工作，中国劳动社会保障出版社根据国家安全生产监督管理总局颁布的《安全生产培训管理办法》《关于特种作业人员安全技术培训考核工作的意见》和《特种作业人员安全技术培训考核管理规定》，组织了《特种作业人员安全技术培训大纲和考核标准》起草小组的有关专家，依据《特种作业目录》中的工种组织编写了"新编特种作业人员安全技术培训考核统编教材"。

"新编特种作业人员安全技术培训考核统编教材"共计9大类41个工种教材：1. 电工作业类：（1）《高压电工作业》（2）《低压电工作业》（3）《防爆电气作业》；2. 焊接与热切割作业类：（4）《熔化焊接与热切割作业》（5）《压力焊作业》（6）《钎焊作业》；3. 高处作业类：（7）《登高架设作业》（8）《高处安装、维护、拆除作业》；4. 制冷与空调作业类：（9）《制冷与空调设备运行操作》（10）《制冷与空调设备安装修理》；5. 金属非金属矿山作业类：（11）《金属非金属矿井通风作业》（12）《尾矿作业》（13）《金属非金属矿山安全检查作业》（14）《金属非金属矿山提升机操作》（15）《金属非金属矿山支柱作业》（16）《金属非金属矿山井下电气作业》（17）《金属非金属矿山排水作业》（18）《金属非金属矿山爆破作业》；6. 石油天然气作业类：（19）《司钻作业》；7. 冶金生产作业类：（20）《煤气作业》；8. 危险化学品作业类：（21）《光气及光气化工艺作业》（22）《氯碱电解工艺作业》（23）《氯化工艺作业》（24）《硝化工艺作业》（25）《合成氨工艺作业》（26）《裂解工艺作业》（27）《氟化工艺作业》（28）《加氢工艺作业》（29）《重氮化工艺作业》

（30）《氧化工艺作业》（31）《过氧化工艺作业》（32）《胺基化工艺作业》（33）《磺化工艺作业》（34）《聚合工艺作业》（35）《烷基化工艺作业》（36）《化工自动化控制仪表作业》；9.烟花爆竹作业类：（37）《烟火药制造作业》（38）《黑火药制造作业》（39）《引火线制造作业》（40）《烟花爆竹产品涉药作业》（41）《烟花爆竹储存作业》。本版统编教材具有以下几方面特点：

一、突出科学性、规范性。本版统编教材是根据国家安全生产监督管理总局统一制定的特种作业人员安全技术培训大纲和考核标准，由该培训大纲和考核标准起草小组的有关专家在以往统编教材的基础上，继往开来的最新成果。

二、突出适用性、针对性。专家在编写过程中，根据国家安全生产监督管理总局关于教材建设的相关要求，本着"少而精""实用、管用"的原则，切合实际地考虑了当前我国接受特种作业安全技术培训的学员特点，以此设置内容。

三、突出实用性、可操作性。根据国家安全生产监督管理总局《特种作业人员安全技术培训考核管理规定》中"特种作业人员应当接受与其所从事的特种作业相应的安全技术理论培训和实际操作培训"的要求，在教材编写中合理安排了理论部分与实际操作训练部分的内容所占比例，充分考虑了相关单位的培训计划和学时安排，以加强实用性。

总之，本版统编教材反映了国家安全生产监督管理总局关于全国特种作业人员安全技术培训考核的最新要求，是全国各有关行业、各类企业准备从事特种作业的劳动者，为提高有关特种作业的知识与技能，提高自身安全素质，取得特种作业人员 IC 卡操作证的最佳培训考核教材。

"新编特种作业人员安全技术培训考核统编教材"编委会
2014 年 3 月

目　录

第一章　安全生产法律法规与安全管理

　　安全生产是指为了使劳动过程在符合安全要求的物质条件和工作秩序下进行，防止伤亡事故、设备事故及各种灾害的发生，保障劳动者的安全健康和生产作业过程的正常进行而采取的各种措施和从事的一切活动。

　　为什么要对劳动者在劳动生产过程中的安全、健康加以保护呢？因为在劳动过程中存在各种不安全、不卫生的因素，如不加以保护会发生工伤事故和职业危害。例如，矿井作业可能发生瓦斯爆炸、冒顶、片帮、水灾和火灾等事故；工厂可能发生机器绞碾、触电、受压容器爆炸以及各种有毒有害物质的危害等；建筑施工行业可能发生高空坠落、物体打击和碰撞事故；交通运输行业可能发生车辆伤害和淹溺事故；还有不少地区近年比较多发的是采石场塌方、工厂火灾、烟花爆竹厂爆炸等，这些都会危害劳动者的安全与健康，甚至造成人民生命财产的重大损失。

　　为了做到不断改善劳动条件，预防工伤事故和职业病的发生，为劳动者创造安全、卫生、舒适的劳动条件，必须从组织管理和技术两方面采取有效措施。

　　（1）组织管理措施方面

　　国家和各级政府主管部门及企业为了保护劳动者的安全与健康，制定方针、政策、法规和各种安全制度，建立安全生产监察和管理的组织机构，确立安全生产管理体制，开展安全生产宣传教育和安全大检查；加强科学监测检验和科学研究；总结和交流安全生产工作经验等。

（2）技术措施方面

随着生产的发展，逐步实现生产过程的机械化、自动化和密闭化，积极采用劳动安全技术措施和劳动卫生措施，加强个人防护，发给职工防护用品、用具等。

第一节　安全生产的方针

安全生产的方针是"安全第一，预防为主"。这是新中国成立以来安全生产工作经验的总结，是血的教训的结晶。它的含义是：在组织和指挥生产时，首先要想到和提出在安全上有什么问题，有针对性地研究好预防性措施；当其他工作和安全生产发生矛盾时，要求把安全作为一切工作的前提条件，对待事故要坚持预防为主，把事故消灭在萌芽状态，防患于未然。

一、安全和生产的辩证统一

在生产过程中，安全和生产既有矛盾性，又有统一性。所谓矛盾性，首先是生产过程中不安全、不卫生因素与生产顺利进行的矛盾，其次是安全工作与生产工作的矛盾。然而安全工作与生产工作又是相互联系的，没有安全工作，生产就不能顺利进行。特别是在某些生产活动中，如果没有起码的安全条件，生产根本无法进行。这就是生产和安全互为条件、互相依存的道理，也是安全与生产的统一性。

社会生产是不断发展的，生产中原有的不安全、不卫生因素解决了，随着新的生产技术出现，新的不安全、不卫生因素又将产生，安全与生产的矛盾必将不断发生和存在，安全生产的任务就是不断解决这两者的矛盾，促进生产的发展。只要有生产活动，就有安全生产。因此，安全生产的任务是长期的、艰巨的，从业者必须树立牢固的安全生产工作事业心。

二、安全工作必须强调"预防为主"

安全工作以预防为主是现代生产发展的需要，现代科学技术日新月异，往往又是多学科的综合运用。安全问题十分复杂，稍微疏忽，就会发生事故。预防为主，就是要把安全工作放在事前做好，要依靠技术进步，加强科学管理，搞好科学预测与分析工作，要在设计生产系统的同时设计系统安全措施，以保证生产系统安全化，把事故消灭在萌芽状态。安全第一与预防为主是相辅相成的，要做到安全第一，首先要搞好预防措施，预防工作做好了，就可以保证本质安全化，实现安全第一。

三、实施"安全第一，预防为主"方针，要克服几种错误思想

1. 重生产、轻安全的思想。
2. 安全与生产对立的思想。
3. 冒险蛮干思想。
4. 消极悲观思想。
5. 麻痹思想和侥幸心理。

四、实施"安全第一，预防为主"方针，要坚持安全生产五项基本原则

1. 管生产必须管安全的原则

安全寓于生产之中，生产组织者和科技工作者在生产技术实施过程中应当主动承担安全生产责任，要把管生产必须管安全的原则落实到每个职工的岗位责任制中，从组织上、制度上固定下来，以保证这一原则的实施。

2. "五同时"的原则

它是指生产组织者必须在计划、布置、检查、总结、评比生产工作的同时计划、布置、检查、总结、评比安全工作的原则。它要求把安全工作落实到每一个生产组织管理环节中。这是解决生产管理中安全与生产统一的一项重要原则。

3. "三同时"的原则

它是指新建、改建、扩建工程以及技术改造、挖潜和引进工程项目的安全卫生设施必须与主体工程同时设计、同时施工、同时投产的原则。这是从根本上解决"物"的危险源，是保证生产本质安全的一

项重要原则。

4."三个同步"的原则

它是指安全生产与经济建设、企业深化改革、技术改造同步规划、同步发展、同步实施的原则。这是要求把安全生产内容融入生产经营活动的各个方面,以保证安全生产一体化,解决安全、生产两张皮的弊病。

5."四不放过"的原则

它是指在调查处理工伤事故时,必须坚持事故原因分析不清不放过;事故责任者和群众没有受到教育不放过;没有采取切实可行的防范措施不放过;事故的责任者未得到处理不放过的原则。它要求对工伤事故必须进行严肃认真的调查处理,接受教训,防止同类事故重复发生。

五、实施"安全第一,预防为主"方针,要善于总结和推广经验

安全生产工作如何更好地适应生产发展的需要,充分体现安全生产方针的要求,必须注意实践中不断涌现出来的先进安全生产经验,及时总结,予以交流和推广。

安全生产的经验是多方面的,有属于管理方面的,如安全教育培训经验、安全目标管理经验、结合实际开展事故预测和分析、安全评价经验等;有属于技术措施方面的,如结合工艺改革、设备改造解决尘毒危害的措施以及采用各种安全装置和设施的经验等。这两方面的经验都应重视,及时总结并加以推广。

在总结和推广先进经验的同时,也应总结和吸取一些事故教训。事实证明,反面教育的效果比正面教育的效果要好。

第二节 安全生产法律法规体系

一、安全生产法律法规的概念

安全生产法律法规是指调整在生产过程中所产生的同劳动者的安

全和健康以及与生产资料和社会财富安全保障有关的各种社会关系的法律规范的统称，是国家法律体系的重要组成部分。

二、安全生产法律法规体系

目前的安全生产法律体系是一个包含多种法律形式和法律层次的综合性系统，从法律规范的形式和特点来讲，既包括作为整个安全生产法律法规基础的宪法规范，也包括行政法律规范、技术性法律规范、程序性法律规范。按法律地位及效力同等原则，安全生产法律体系分为以下门类。

1. 宪法

《宪法》是安全生产法律体系框架的最高层级，我国宪法中"加强劳动保护，改善劳动条件"的规定是有关安全生产方面最高法律效力的规定。

2. 安全生产方面的法律

（1）基础法

我国有关安全生产的法律包括《中华人民共和国安全生产法》（以下简称《安全生产法》）和与它平行的专门法律和相关法律。《安全生产法》是综合规范安全生产法律制度的法律，它适用于所有生产经营单位，是我国安全生产法律体系的基础与核心。

（2）专门法律

专门安全生产法律是规范某一专业领域安全生产法律制度的法律。我国在专业领域的法律有《中华人民共和国矿山安全法》《中华人民共和国海上交通安全法》《中华人民共和国消防法》《中华人民共和国道路交通安全法》等。

（3）相关法律

与安全生产有关的法律是安全生产专门法律以外的其他法律中包含有安全生产内容的法律，如《中华人民共和国劳动法》《中华人民共和国建筑法》《中华人民共和国煤炭法》《中华人民共和国铁路法》《中华人民共和国民用航空法》《中华人民共和国工会法》《中华人民共和国全民所有制企业法》《中华人民共和国乡镇企业法》《中华人民共和国矿产资源法》等；还有一些与安全生产监督执法工作有关的法律，如《中华人民共和国刑法》《中华人民共和国刑事诉讼法》《中华人民共和国行政处罚法》《中华人民共和国行政复议法》《中华人民共和国国家赔偿法》和《中华人民共和国标准化法》等。

3. 安全生产行政法规

安全生产行政法规是由国务院组织制定并批准公布的，是为实施安全生产法律或规范安全生产监督管理制度而制定并颁布的一系列具体规定，是实施安全生产监督管理和监察工作的重要依据，我国已颁布了多部安全生产行政法规，如《国务院关于特大安全事故行政责任追究的规定》和《煤矿安全监察条例》等。

4. 地方性安全生产法规

地方性安全生产法规是指由有立法权的地方权力机关——人民代表大会及其常务委员会和地方政府制定的安全生产规范性文件，是由法律授权制定的，是对国家安全生产法律、法规的补充和完善，以解决本地区某一特定的安全生产问题为目标，有较强的针对性和可操作性。如目前我国有许多省（自治区、直辖市）制定了《安全生产条例》及其实施办法。

5. 部门安全生产规章和地方政府安全生产规章

根据《中华人民共和国立法法》的有关规定，部门规章之间、部门规章与地方政府规章之间具有同等效力，在各自的权限范围内施行。

国务院部门安全生产规章由有关部门为加强安全生产工作而颁布的规范性文件组成，从部门角度可划分为交通运输业、化学工业、石油工业、机械工业、电子工业、冶金工业、电力工业、建筑业、建材工业、航空航天业、船舶工业、轻纺工业、煤炭工业、地质勘探业、农村和乡镇工业、技术装备与统计工作、安全评价与竣工验收、劳动保护用品、培训教育、事故调查与处理、职业危害、特种设备、防火防爆和其他部门等。部门安全生产规章作为安全生产法律法规的重要补充，在我国安全生产监督管理工作中起着十分重要的作用。

地方政府安全生产规章，一方面从属于法律和行政法规；另一方面又从属于地方法规，并且不能与它们相抵触。

6．安全生产标准

安全生产标准是安全生产法规体系中的一个重要组成部分，也是安全生产管理的基础和监督执法工作的重要技术依据。安全生产标准大致分为设计规范类、安全生产设备与工具类、生产工艺安全卫生类、防护用品类四类标准。

7．已批准的国际劳工安全公约

国际劳工组织自 1919 年创立以来，一共通过了 185 个国际公约和为数较多的建议书，这些公约和建议书统称为国际劳工标准，其中 70% 的公约和建议书涉及职业安全卫生问题。我国政府为国际性安全生产工作已签订了国际性公约。当我国安全生产法律与国际公约有不同时应优先采用国际公约的规定（除保留条件的条款外）。目前，我国政府已批准的公约有 23 个，其中 4 个是与职业安全卫生相关的。

三、安全生产法规体系总框架

按照上述法律体系原则设计的安全生产法规体系，其框架如图 1—1 所示。

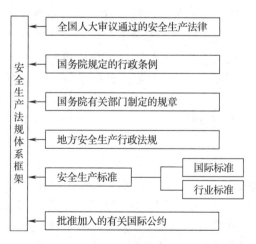

图 1—1 安全生产法规体系总框架

第三节 安全生产及管理的法律法规

《中华人民共和国安全生产法》是调整生产经营活动中有关安全生产的各方面关系、行为的法律、法规，是为了加强安全生产监督管理，防止和减少生产事故，保障人民群众生命和财产安全，促进经济发展而制定的，是安全生产工作领域中的一部综合性法律。

一、《中华人民共和国安全生产法》内容简介

《中华人民共和国安全生产法》（以下简称《安全生产法》）对安全生产工作的方针、生产经营单位的安全生产保障、从业人员的权利与义务、政府对安全生产的监督管理、生产安全事故应急救援与调查处理以及违法行为的法律责任等都作出了明确规定，是加强安全生产、管理的重要法律依据。学习和贯彻《安全生产法》的有关规定，对于进一步搞好安全生产工作，具有十分重要的意义。《安全生产法》共七章97条。

1. 第一章"总则"共15条，是对这部法律若干重要原则问题的规定，对作为分则的其他各章的规定具有概括和指导的作用。分别对本法的立法目的、适用范围、安全生产管理的基本方针、生产经营单位确保安全生产的基本义务、生产经营单位主要负责人对本单位安全生产的责任、生产经营单位的从业人员在安全生产方面的权利和义务、工会在安全生产方面的基本职责、各级人民政府在安全生产方面的基本职责、安全生产监督管理体制、有关劳动安全卫生标准的制定和执行、为安全生产提供技术服务的中介机构、生产安全事故责任追究制度、国家鼓励和支持提高安全生产科学技术水平、对于在安全生产方面作出显著成绩的单位个人给予奖励等问题作了规定。

2. 第二章"生产经营单位的安全生产保障"共28条，是《安全生产法》的核心内容，主要规定了对生产经营单位安全生产条件的基本要求；生产经营单位主要负责人的安全生产责任；对生产经营单位安全生产投入的要求；生产经营单位安全生产机构的设置及安全生产

管理人员的配备；对生产经营单位主要负责人及安全生产管理人员任职的资格要求；生产经营单位对从业人员进行安全生产教育和培训的义务；对生产经营单位特种作业人员的特殊资质要求；生产经营单位建设工程项目的安全设施与主体工程的"三同时"要求以及对危险性较大的行业的建设项目进行安全条件论证和安全评价的特殊要求；对建设项目安全设施的设计、施工、竣工验收的要求；对生产经营单位设施、设备、生产经营场所、工艺的安全要求；对危险物品生产、经营、运输、储存、使用以及危险性作业的特殊要求；生产经营单位对从业人员负有的义务；对两个以上生产经营单位共同作业的安全生产管理特别规定；对生产经营单位发包、出租的特别规定以及生产经营单位发生重大事故时对主要负责人的要求等。

3. 第三章"从业人员的权利和义务"共9条，主要规定了生产、经营单位从业人员在安全生产方面的权利和义务。包括了解其作业场所和工作岗位存在的危险因素、防范措施及事故应急措施的权利；对本单位的安全生产工作提出建议的权利；对本单位安全生产工作中存在的问题提出批评、检举、控告的权利；拒绝违章指挥和强令冒险作业的权利；发现直接危及人身安全的紧急情况时，停止作业或者在采取可能的应急措施后撤离作业场所的权利；因生产事故受到损害时要求赔偿的权利；享受工伤社会保险的权利；在作业过程中，严格遵守本单位的安全生产规章制度和操作规程，服从管理，正确佩戴和使用劳动防护用品的义务；接受安全生产教育和培训的义务；及时报告事故隐患或者其他不安全因素的义务。

此外，本章还对生产经营单位不得与从业人员订立"生死合同"，以及工会在安全生产管理中的权利与职责等作出了规定。

4. 第四章"安全生产的监督管理"共15条，从不同方面规定了安全生产的监督管理。从根本上说，生产经营单位是生产经营活动的主体，在安全生产工作中处于关键地位，生产经营单位的安全生产管理是做好安全生产工作的内因。但是，强化外部的监督管理同样不可缺少。由于安全生产关系到各类生产经营单位和社会的方方面面，涉及面极广，做好安全生产的监督管理工作，仅靠政府及其有关部门是不够的，必须走专门机关和群众相结合的道路，充分调动和发挥社会各界的积极性，齐抓共管，群防群治，才能建立起经常性的、有效的监督机制，从根本上保障生产经营单位的安全生产。因此，本章的"监督"是广义上的监督，既包括政府及其有关部门的监督，也包括社会力量的监督，具体有以下七个方面。

（1）县级以上地方人民政府的监督管理。

（2）负有安全生产监督管理职责的部门的监督。

（3）监察机关的监督。

（4）社会中介机构的监督。

（5）社会公众的监督。

（6）基层群众的监督。

（7）新闻媒体的监督。

5. 第五章"生产安全事故的应急救援与调查处理"共9条，主要规定了安全生产事故的应急救援以及安全生产事故的调查处理两方面的内容。具体包括县级以上地方各级人民政府应当组织有关部门制定特大安全生产事故应急救援预案，建立应急救援体系；有关生产经营单位应当建立应急救援组织，指定应急救援人员，配备、维护应急救援器材、设备；发生生产安全事故时，生产经营单位负责人应当迅速采取有效措施，组织抢救，防止事故扩大，并按规定上报政府有关部门；有关地方人民政府及负有安全生产监督管理职责的部门负责人应当立即赶到重大事故现场，组织、指挥事故抢救。关于生产事故的调查处理，主要是在事故发生后，及时、准确地查清事故的原因，查明事故性质和责任，以及失职、渎职行为的行政部门的法律责任。对依法进行的事故调查处理，任何单位和个人不得阻挠和干涉。此外，本章还规定了负责安全生产监督管理的部门应当定期统计分析本行政区域内发生的生产安全事故，并定期向社会公布。

6. 第六章"法律责任"共19条，主要规定了负有安全生产监督管理职责的部门的工作人员，承担安全评价、认证、检验、检测的中介服务机构及工作人员，各级人民政府工作人员以及生产经营单位及其负责人和其他有关人员、从业人员违反本法所应承担的法律责任。

7. 第七章"附则"共2条，对本法用语"危险物品""重大危险源"作了解释，并规定了本法的实施时间。

二、《安全生产许可证条例》内容简介

为了严格规范安全生产条件，进一步加强安全生产监督管理，防止和减少生产安全事故，根据《中华人民共和国安全生产法》的有关规定，制定了本条例。

《安全生产许可证条例》于 2004 年 1 月 13 日公布并实施。

1. 安全生产许可证的发放和管理

国家对矿山企业、建筑施工企业和危险化学品、烟花爆竹、民用爆破器材生产企业（以下简称企业）实行安全生产许可制度。

企业未取得安全生产许可证的，不得从事生产活动。

本条例第三条规定：国务院安全生产监督管理部门负责中央管理的非煤矿矿山企业和危险化学品、烟花爆竹生产企业安全生产许可证的颁发和管理。

省、自治区、直辖市人民政府安全生产监督管理部门负责前款规定以外的非煤矿矿山企业和危险化学品、烟花爆竹生产企业安全生产许可证的颁发和管理，并接受国务院安全生产监督管理部门的指导和监督。

国家煤矿安全监察机构负责中央管理的煤矿企业安全生产许可证的颁发和管理。

省、自治区、直辖市煤矿安全监察机构负责前款规定以外的其他煤矿企业安全生产许可证的颁发和管理，并接受国家煤矿安全监察机构的指导和监督。

本条例第四条、第五条规定：国务院建设主管部门负责中央管理的建筑施工企业安全生产许可证的颁发和管理。

省、自治区、直辖市人民政府建设主管部门负责前款规定以外的建筑施工企业安全生产许可证的颁发和管理，并接受国务院建设主管部门的指导和监督。

国务院国防科技工业主管部门负责民用爆破器材生产企业安全生产许可证的颁发和管理。

2. 企业取得安全生产许可证应具备的条件

本条例第六条规定，企业取得安全生产许可证，应当具备下列安全生产条件。

（1）建立、健全安全生产责任制，制定完备的安全生产规章制度和操作规程。

（2）安全投入符合安全生产要求。

（3）设置安全生产管理机构，配备专职安全生产管理人员。

（4）主要负责人和安全生产管理人员经考核合格。

（5）特种作业人员经有关业务主管部门考核合格，取得特种作业操作资格证书。

（6）从业人员经安全生产教育和培训合格。

（7）依法参加工伤保险，为从业人员缴纳保险费。

（8）厂房、作业场所和安全设施、设备、工艺符合有关安全生产法律、法规、标准和规程的要求。

（9）有职业危害防治措施，并为从业人员配备符合国家标准或者行业标准的劳动防护用品。

（10）依法进行安全评价。

（11）有重大危险源检测、评估、监控措施和应急预案。

（12）有生产安全事故应急救援预案、应急救援组织或者应急救援人员，配备必要的应急救援器材、设备。

（13）法律、法规规定的其他条件。

3. 申请领取安全生产许可证的规定

企业进行生产前，应当依照本条例的规定向安全生产许可证颁发管理机关申请领取安全生产许可证，并提供本条例第六条规定的相关文件、资料。安全生产许可证颁发管理机关应当自收到申请之日起45日内审查完毕，经审查符合本条例规定的安全生产条件的，颁发安全生产许可证；不符合本条例规定的安全生产条件的，不予颁发安全生产许可证，书面通知企业并说明理由。

4. 安全生产许可证的有效期限

安全生产许可证由国务院安全生产监督管理部门规定统一的式样。

安全生产许可证的有效期为 3 年。有效期满需要延期的，企业应当于期满前 3 个月向原安全生产许可证颁发管理机关办理延期手续。

企业在安全生产许可证有效期内，严格遵守有关安全生产的法律法规，未发生死亡事故的，安全生产许可证有效期届满时，经原安全生产许可证颁发管理机关同意，不再审查，安全生产许可证有效期延期 3 年。

5. 违反《安全生产许可证条例》的处罚规定

（1）本条例第十九条规定：违反本条例规定，未取得安全生产许可证擅自进行生产的，责令停止生产，没收违法所得，并处 10 万元以上 50 万元以下的罚款；造成重大事故或者其他严重后果，构成犯罪的，依法追究刑事责任。

（2）安全生产许可证有效期满未办理延期手续，继续进行生产的，责令停止生产，限期补办延期手续，没收违法所得，并处 5 万元以上 10 万元以下的罚款；逾期仍不办理延期手续，继续进行生产的，依照本条例第十九条的规定处罚。

（3）转让安全生产许可证的，没收违法所得，处 10 万元以上 50 万元以下的罚款，并吊销其安全生产许可证；构成犯罪的，依法追究刑事责任；接受转让的，依照本条例第十九条的规定处罚。

冒用安全生产许可证或者使用伪造的安全生产许可证的，依照本条例第十九条的规定处罚。

本条例施行前已经进行生产的企业，应当自本条例施行之日起 1 年内，依照本条例的规定向安全生产许可证颁发管理机关申请办理安全生产许可证；逾期不办理安全生产许可证，或者经审查不符合本条例规定的安全生产条件，未取得安全生产许可证，继续进行生产的，依照本条例第十九条的规定处罚。

本条例规定的行政处罚，由安全生产许可证颁发管理机关决定。

第四节　焊接从业人员安全生产的权利与义务

《中华人民共和国安全生产法》规定："生产经营单位的从业人员有依法获得安全生产保障的权利，并应当依法履行安全生产方面的义务。"

一、从业人员的安全生产基本权利

各类生产经营单位的所有制形式、规模、行业、作业条件和管理方式多种多样，法律不可能对其从业人员所有的安全生产权利都作出具体规定，《安全生产法》主要规定了各类从业人员必须享有的、有关安全生产和人身安全的最重要、最基本的权利。这些基本安全生产权利，可以概括为以下五项。

1. 享受工伤保险和伤亡求偿权

从业人员在生产经营作业过程中依法享有获得工伤社会保险和民事赔偿的权利，法律赋予从业人员这项权利并保证其行使。《中华人民共和国劳动合同法》虽有关于从业人员与生产经营单位订立劳动合同的规定，但没有关于载明保障从业人员劳动安全、享受工伤社会保险的事项，没有关于从业人员可依法获得民事赔偿的规定。一旦发生事故，不是生产经营单位拿不出钱来，就是开支没有合法依据，只好东拼西凑；或者是推托搪塞，拖欠补偿款项，迟迟不能善后；或者是企业经营亏损，无钱补偿；或者是企业负责人逃之夭夭，一走了之；许多民营企业老板逃避法律责任，把"包袱"甩给政府，最终受害的是从业人员。

《中华人民共和国安全生产法》明确赋予了从业人员享有工伤保险和获得伤亡赔偿的权利，同时规定了生产经营单位的相关义务。《中华人民共和国安全生产法》第四十四条规定："生产经营单位与从业人员订立的劳动合同，应当载明有关保障从业人员劳动安全、防止职业危害的事项，以及依法为从业人员办理工伤社会保险的事项。生产经营单位不得以任何形式与从业人员订立协议，免除或者减轻其对从业人员因生产安全事故伤亡依法应当承担的责任。"第四十八条规定："因生产安全事故受到损害的人员，除依法享有获得工伤社会保险外，依照有关民事法律尚有获得赔偿的权利的，有权向本单位提出赔偿要求。"第四十三条规定："生产经营单位必须依法参加工伤社会保险，为从业人员缴纳保险费。"此外，法律还对生产经营单位与从业人员订立协议，免除或者减轻其从业人员因生产安全事故伤亡依法应承担的责任，规定该协议无效。

（1）法律规定从业人员依法享有工伤保险和伤亡求偿的权利必须以劳动合同必要条款的书面形式加以确认。没有依法载明或者免除或者减轻生产经营单位对从业人员因生产安全事故伤亡依法应承担的责任的，是一种非法行为，应当承担相应法律责任。

（2）依法为从业人员缴纳工伤社会保险费和给予民事赔偿，是生产经营单位的法律义务。生产经营单位不得以任何形式免除该项义务，不得变相以抵押金、担保金等名义强制从业人员缴纳工伤社会保险费。

（3）发生生产安全事故后，从业人员首先依照劳动合同和工伤社会保险的规定，享有相应的赔付金。如果工伤保险金不足以补偿受害者的人身损害及经济损失的，依照有关民事法律应当给予赔偿的，从业人员或其亲属有要求生产经营单位给予赔偿的权利，生产经营单位必须履行相应的赔偿义务。否则，受害者或其亲属有向人民法院起诉和申请强制执行的权利。

（4）从业人员获得工伤社会保险赔付和民事赔偿的金额标准、领取和支付程序，必须符合法律、法规和国家的有关规定。从业人员和生产经营单位均不得自行确定标准，不得非法提高或者降低标准。

2. 危险因素和应急措施的知情权

生产经营单位特别是从事矿山、建筑、危险物品生产经营和公众聚集场所，往往存在一些对从业人员生命和健康带有危险、危害的因素，比如接触粉尘、顶板、突水、火险、瓦斯、高空坠落、有毒有害、放射性、腐蚀性、易燃易爆等场所、工种、岗位、工序、设备、原材料、产品，都有发生人身伤亡事故的可能。直接接触这些危险因素的从业人员往往是生产安全事故的直接受害者。许多生产安全事故从业人员伤亡严重的教训之一，就是法律没有赋予从业人员危险因素以及发生事故时应当采取的应急措施。如果从业人员知道并且掌握有关安全知识和处理办法，就可以消除许多不安全因素和事故隐患，避免事故发生或者减少人身伤亡。所以，《中华人民共和国安全生产法》规定，生产经营单位从业人员有权了解其作业场所和工作场所及工作岗位存在的危险因素及事故应急措施。要保证从业人员这项权利的行使，生产经营单位就有义务事前告知有关危险因素和事故应急措施。否则，生产经营单位就侵犯了从业人员的权利，并对由此产生的后果承担相应的法律责任。

3. 安全管理的批评、控告权

从业人员是生产经营单位的主人，他们对安全生产情况，尤其是安全管理中的问题和事故隐患最了解、最熟悉，具有他人不能替代的作用。只有依靠他们并且赋予其必要的安全生产监督权利和自我保护权，才能做到预防为主，防患于未然，才能保障他们的人身安全和健康。关注安全，就是关爱生命、关心企业。一些生产经营单位的主要负责人不重视安全生产，对安全问题熟视无睹，不听取从业人员的正确意见和建议，使本来可以及时发现、及时处理的事故隐患不断扩大，导致事故和人员伤亡；有的竟然对批评、检举、控告生产经营单位安全生产问题的从业人员进行打击报复。《中华人民共和国安全生产法》针对某些生产经营单位存在的不重视甚至剥夺从业人员对安全管理监督权利的问题，规定从业人员有权对本单位的安全生产工作提出建议；有权对本单位安全生产工作存在的问题提出批评、检举、控告。

4. 拒绝违章指挥和强令冒险作业权

在生产经营活动中，经常出现企业负责人或者管理人员违章指挥和强令从业人员冒险作业的现象，由此导致事故，造成人员伤亡。因此，法律赋予从业人员拒绝违章指挥和强令冒险作业的权利，不仅是为了保护从业人员的人身安全，也是为了警示生产经营单位负责人和管理人员必须照章指挥，保证安全，并不得因从业人员拒绝违章指挥和强令冒险作业而对其进行打击报复。《中华人民共和国安全生产法》第四十六条规定："生产经营单位不得因从业人员对本单位安全生产工作提出批评、检举、控告或者拒绝违章指挥、强令冒险作业而降低其工资、福利等待遇或者解除与其订立的劳动合同。"

5. 紧急情况下的停止作业和紧急撤离权

由于生产经营场所自然和人为危险因素的存在，经常会在生产经营过程中发生一些意外或人为的直接危及从业人员人身安全的危险情况，可能会对从业人员造成人身伤害。比如从事矿山、建筑、危险物品生产作业的从业人员，一旦发现将要发生透水、瓦斯爆炸、煤和瓦斯突出、冒顶、片帮坠落、倒塌、危险物品泄漏、燃烧、爆炸等紧急情况并且无法避免时,最大限度地保护现场作业人员的生命安全是第一位的,因此,法律赋予他们享有停止作业和紧急撤离的权利。《中华人民共和国安全生产法》第四十七条规定:"从业人员发现直接危及人身安全的紧急情况时,有权停止作业或者在采取可能的应急措施后撤离作业现场。生产经营单位不得因从业人员在前款紧急情况下停止作业或者采取紧急撤离措施而降低其工资、福利等待遇或者解除与其订立的劳动合同。"从业人员在行使这项权利的时候,必须明确以下四点。

(1)危及从业人员人身安全的紧急情况必须有确实可靠的直接根据,凭个人猜测而实际并不属于危及人身安全的紧急情况除外。该项权利不能滥用。

(2)紧急情况必须直接危及人身安全,间接或者可能危及人身安全的情况不应撤离,而应采取有效处理措施。

(3)出现危及人身安全的紧急情况时,首先是停止作业,然后要采取可能的应急措施;采取应急措施无效时,再撤离作业场所。

(4)该项权利不适用于某些从事特殊职业的从业人员,如飞行员、船舶驾驶员、车辆驾驶员等,根据有关法律、国际公约和职业惯例,在发生危及人身安全的紧急情况下,他们不能或者不能先行撤离从业场所或者岗位。

二、从业人员的安全生产义务

《中华人民共和国安全生产法》关于从业人员的安全生产义务主要有以下四项。

1. 遵章守纪、服从管理的义务

《中华人民共和国安全生产法》第四十九条规定:"从业人员在从业过程中,应当严格遵守本单位的安全生产规章制度和操作规程,服从管理……"根据《中华人民共和国安全生产法》和其他有关法律、法规和规章的规定,生产经营单位必须制定本单位安全生产的规章制度和操作规程。从业人员必须严格依照这些规章制度和操作规程进行生产经营作业。安全生产规章制度和操作规程是从业人员从事生产经营，确保安全的具体规范和依据。从这个意义上说，遵守规章制度和操作规程，实际上就是依法进行安全生产。事实表明，从业人员违反规章制度和操作规程，是导致生产安全事故的主要原因。违反规章制度和操作规程，必然发生生产安全事故。生产经营单位的负责人和管理人员有权依照规章制度和操作规程进行安全管理，监督检查从业人员遵章守纪的情况。对这些安全生产管理措施，从业人员必须接受并服从管理。依照法律规定，生产经营单位的从业人员不服从管理，违反安全生产规章制度和操作规程的，由生产经营单位给予批评教育，依照有关规章制度给予处分；造成重大事故，构成犯罪的，依照刑法有关规定追究刑事责任。

2. 佩戴和使用劳动保护用品的义务

按照法律、法规的规定，为保障人身安全，生产经营单位必须为从业人员提供必要的、安全的劳动防护用品，以避免或者减轻作业和事故中的人身伤害。但实践中由于一些从业人员缺乏安全知识，认为佩戴和使用劳动防护用品没有必要，往往不按规定佩戴或者不能正确佩戴和使用劳动防护用品，由此引发的人身伤害时有发生，造成不必要的伤亡。例如，煤矿矿工下井作业时必须佩戴矿灯用于照明，从事高空作业的工人必须佩戴安全带以防坠落等。另外，有的从业人员虽然佩戴和使用劳动防护用品，但由于不会或者没有正确使用而发生人身伤害的案例也很多。因此，正确佩戴和使用劳动保护用品是保障从业人员人身安全和生产经营单位安全生产的需要。

3. 接受培训、掌握安全生产技能的义务

不同行业、不同生产经营单位、不同工作岗位和不同的生产经营设施、设备具有不同的安全技术特性和要求。随着生产经营领域的不断扩大和高新安全技术装备的大量使用，生产经营单位对从业人员的安全素质要求越来越高。从业人员的安全生产意识和安全技能的高低，直接关系到生产经营活动的安全可靠性。特别是从事矿山、建筑、危险物品生产作业和使用高科技安全技术装备的从业人员，更需要有系统的安全知识、熟练的安全生产技能，以及对不安全因素和事故隐患、突发事故的预防、处理能力。要适应生产经营活动对安全生产技术知

识和能力的需要，必须对新招聘、转岗的从业人员进行专门的安全生产教育和业务培训。许多国有和大型企业一般比较重视安全培训工作，从业人员的安全素质比较高。但是许多非国有和中小企业不重视安全培训，有的没有经过专门的安全生产培训，或者简单地应付了事，其中部分从业人员不具备应有的安全素质，因此违章违规操作，酿成事故。为了明确从业人员接受培训、提高安全素质的法定义务，《中华人民共和国安全生产法》第五十条规定："从业人员应当接受安全生产教育和培训，掌握本职工作所需的安全生产的知识，提高安全生产技能，增强事故预防和应急处理能力。"这对提高生产经营单位从业人员的安全意识、安全技能，预防、减少事故和人员伤亡，具有积极意义。

4. 发现事故隐患及时报告的义务

从业人员直接进行生产经营作业，他们是事故隐患和不安全因素的第一当事人。许多生产安全事故是由于从业人员在作业现场发现事故隐患和不安全因素后，没有及时报告，以至于延误了采取措施进行紧急处理的时机，导致发生重大、特大事故。如果从业人员及时发现并报告事故隐患和不安全因素，许多事故能够得到及时报告并得到有效处理，完全可以避免事故发生和降低事故损失。所以，发现事故隐患并及时报告是贯彻预防为主的方针，加强事前防范的重要措施。为此，《中华人民共和国安全生产法》第五十一条规定："从业人员发现事故隐患或者其他不安全因素，应当立即向现场安全生产管理人员或者本单位负责人报告，接到报告的人员应当及时予以处理。"这就要求从业人员必须具有高度的责任心，防微杜渐，防患于未然，及时发现事故隐患和不安全因素，预防事故发生。

第二章　钎焊基础知识

钎焊、熔焊和压焊共同构成了现代焊接技术的三个重要组成部分。钎焊与熔焊相比存在本质上的差异。它是采用比母材熔点低的金属材料作为钎料，将焊件和钎料加热到高于钎料熔点、低于母材熔化温度，利用液态钎料润湿母材，填充接头间隙并与母材相互扩散实现连接焊件的方法，属于固相连接。

钎焊是硬钎焊和软钎焊的总称。按钎料的熔化温度通常把钎焊分为两大类：钎料的熔化温度在450℃以上称为硬钎焊；在450℃以下称为软钎焊。

第一节　钎焊原理、特点及应用范围

一、钎焊的基本原理

为了使液态钎料能填满钎焊金属结合面的间隙而形成牢固的钎焊接头，必须具备的条件是液态钎料对母材的润湿、毛细填缝及相互作用。

1. 液态钎料对母材的润湿作用

如果液态钎料对母材浸润和附着能力（润湿性）差，液态钎料就不能在母材金属表面均匀地铺展（铺展性是指液态钎料在母材表面流动展开的能力，通常以一定质量的钎料熔化后覆盖母材表面的面积来衡量），也不能填满结合面的间隙。润湿性的好与差（见图2—1）可用润湿角 θ 来表征，如图2—2所示。润湿角越小则润湿性越好，当 $\theta = 0°$ 时表示液态钎料完全润湿母材；当 $\theta = 180°$ 时表示完全不润湿母材，钎焊时 $\theta < 20°$，液态钎料对母材的润湿性是气体—液体—固体三相界面张力作用的结果。凡是能改变界面张力的因素都会影响润湿性。其影响因素如下：

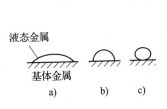

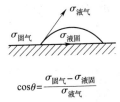

$$\cos\theta = \frac{\sigma_{固气} - \sigma_{液固}}{\sigma_{液气}}$$

图 2—1 液态钎料润湿钎焊
金属表面的情况
a）润湿性好 b）润湿性差 c）不润湿

图 2—2 钎料对钎焊金属
的润湿角

（1）钎料和母材成分的影响

钎料和母材成分对润湿性的影响很大。一般来说，当液态钎料与母材在液态或固态下均不发生作用时，它们之间的润湿性很差。如果液态钎料与母材相互溶解或形成化合物，钎料则能较好地润湿母材。例如，银和铁互不作用，银对铁的润湿性很差，而银在 779℃ 时能溶解铜，银对铜的润湿性很好；又如，铅与铜及钢都互不作用，故铅对铜及钢的润湿性很差，但铅中加入锡后能与铜及钢形成固溶体及化合物，钎料的润湿性得到了改善，且含锡量越高，润湿性就越好。因此，对于母材互不作用而润湿性差的钎料，可加入能与母材形成共同相的第三物质，以改善其对母材的润湿性。

（2）钎焊温度的影响

随着钎焊温度的升高，钎料的润湿性提高。但钎焊温度太高，钎料对母材的溶蚀加重（溶蚀是指母材表面被熔化的钎料过度溶解而形成的凹陷），钎料流散现象加重及母材晶粒长大等。一般来说，钎焊温度只能高出钎料液相线 30~50℃。

（3）母材表面氧化物的影响

母材表面存在氧化物时，妨碍了钎料与母材的直接接触，使液态钎料聚成球状，引起不润湿现象。所以，在钎焊前必须充分清理钎料表面和母材待焊处表面的氧化物。

（4） 钎焊母材表面粗糙度的影响

钎焊母材表面粗糙度对与它相互作用较弱的钎料的润湿性有明显的影响，钎料在粗糙表面的润湿性比在光滑表面上好，这是由于其中纵横交错的细纹对液态钎料起到特殊的毛细作用，促使了钎料沿结合面的流动。

（5） 钎剂的影响

在大气中钎焊时一般均采用钎剂，因为钎剂能清除表面氧化物，改变液态钎料的表面张力，改善液态钎料对母材的润湿性。

（6） 保护气体的影响

一般采用的保护气体为 He、Ar、CO、N_2 等。它们影响到界面张力，同时可以保护金属在钎焊时不会重新被氧化，从而改善和提高液态钎料的润湿性。

（7） 真空度的影响

较高的真空度可以避免在钎焊过程中金属表面的氧化，同时改变界面张力，有利于提高液态钎料对母材的润湿性。

2. 液态钎料在钎焊过程中的毛细填缝作用

在液态钎料能对母材润湿的前提下，液态钎料必须填满钎焊接头的全部间隙，才能形成牢固、致密的钎焊接头。而要达到这一目的，液态钎料必须依靠毛细作用才能自动向间隙流动并填满间隙。

液态钎焊的填缝能力与下列因素有关：

（1） 液态钎料对母材的润湿性

润湿性越好，填缝能力越强。

（2） 液态钎料的密度

密度小的钎料比密度大的钎料填缝能力强。

（3） 钎焊接头的间隙

接头间隙越小，填缝能力越强（间隙太大会失去毛细作用）。因此，在钎焊接头设计和装配时应保证小的间隙，但若间隙太小或没有间隙，液态钎料无法流入间隙。

（4） 间隙所处位置

水平位置比垂直位置填缝能力强。

3. 液态钎料与母材的相互作用

钎焊时液态钎料在填缝过程中与母材发生相互作用可分为两种情况：一是固态母材向液态钎料溶解；二是液态钎料向固态母材扩散。这两种作用对钎焊接头性能的影响都是很大的。

（1）固态母材向液态钎料溶解

若钎料和母材在液态和固态时均不互溶，也不形成化合物，则不会发生母材向液态钎料溶解的现象。钎焊时如果钎料和母材能够相互溶解，则在钎焊过程中母材就会向液态钎料溶解。凡是钎料在母材上有良好的润湿性，能顺利地进行钎焊时，母材在液态钎料中都会发生一定程度的溶解。母材向钎料的溶解将导致以下结果：改变钎料原来的成分，使钎料合金化，一般来说有利于提高接头的强度；母材溶解较多时会使钎料熔点和黏度升高，使填缝能力下降；过度地溶解则使表面出现溶蚀现象，严重时将会溶穿。影响固态母材向液态钎料溶解的因素有以下几种：

1）温度的影响。钎焊温度越高，溶解量越大，溶解速度也越快。为了防止母材溶解过多，钎焊温度必须适当，不宜太高。

2）时间的影响。在钎料量较多或母材金属溶解量未达到饱和时，保温时间越长则溶解量越大。由于钎料量一般不会很多，溶解量很快达到饱和状态，保温时间再增加时，溶解量不再增多。但在焊缝圆角处聚集钎料较多，保温时间增加就使溶解量明显增多。所以焊缝圆角是最容易产生溶蚀现象的部位。

3）钎料和母材成分的影响。母材向钎料的溶解作用与它们之间的状态图有密切的关系，母材及钎料的成分决定了它们之间的相互作用。

（2）液态钎料向母材扩散

液态钎料填满接头间隙时，钎料和母材的组分不同，必然发生钎料向母材扩散的过程。扩散量的大小与温度、保温时间、浓度、浓度梯度和扩散参数有关。如果扩散过程所形成的是固溶体，则强度和属性都比较好，对钎焊接头没有什么不良影响；如果形成的是化合物，由于化合物大都硬而脆，使钎焊接头变脆；如果形成的是共晶体，则共晶体熔点低且较脆，钎缝性能不如固溶体。

二、钎焊的特点及应用范围

与熔焊相比，钎焊具有以下特点：

1. 生产效率高

可以一次焊几条、几十条焊缝，甚至更多。例如，苏联制造的推力为 750 N 的液体火箭发动机，其燃烧室内的钎缝长达 750 m，就是采用钎焊一次完成的；大型电子设备印制电路板上的焊点多达成千上万，也是采用钎焊一次完成焊接的。

2. 可完成高精度及复杂零件的连接

例如，采用接触反应钎焊方法连接铜质毫米波器件，获得了连接尺寸偏离小于 0.02 mm、钎缝圆角半径小于 0.2 mm 的高精度；结构复杂、需要多次连接的雷达微波器件，以及薄壁、密集安装的列管式航空散热器、导弹的尾喷管、蜂窝结构和封闭结构等产品，由于其空间可达性的局限，只有选择钎焊方法才能确保优质连接。

3. 应用范围广

钎焊不仅能焊接同种金属，也能焊接异种金属，还能焊接非金属，如陶瓷、玻璃、石墨和金刚石等，典型例子是原子能反应堆中的金属与石墨的钎焊。

4. 可选择多种不同的加热方式

由于通过选择不同的钎料，连接温度可以在室温到接近钎焊金属熔点温度的范围内变化，所以可选择多种不同的加热方式。

5. 应力与变形小

由于钎焊时加热温度低于钎焊金属的熔点，钎料熔化而钎焊金属不熔化，所以钎焊金属的组织和性能变化较小，其钎焊后的应力和变形也小。

尽管钎焊与熔焊相比具有自身的优越性，但也存在固有的缺点。例如，钎焊接头的强度一般比较低，耐热性能也较差；接头的装配间隙要求较高，焊后清理要求十分严格。为了弥补强度低的缺点，钎焊较多地采用了搭接接头，因而又增加了母材的消耗量和结构的自重。所以，生产中应根据产品的材质、结构特点和工作条件，正确、合理地选择连接方法。对于要求精密、尺寸微小、结构复杂、多焊缝及异种材料连接的焊件，最好选择钎焊方法来焊接。

第二节　钎焊生产工艺

钎焊生产过程包括钎焊接头的设计、焊前表面准备、钎焊接头的装配、安置钎料、钎焊工艺参数选择、钎焊后残留物的去除及钎焊接头的质量检验等工序。

一、钎焊接头的设计

不管钎焊接头的设计是简单还是复杂，必须使之适应零件所承受的工作条件，达到适当的工作特性并满足特殊要求。

1．钎焊接头的形式
（1）钎焊接头的基本形式

钎焊接头的基本形式有对接接头、斜接接头、T形接头及搭接接头等，如图2—3所示。

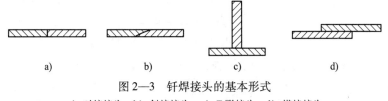

a)　　　　　　　b)　　　　　　c)　　　　　　d)

图2—3　钎焊接头的基本形式

a）对接接头　b）斜接接头　c）T形接头　d）搭接接头

由于对接接头强度低，塑性和韧性差，所以一般不采用对接钎焊接头，只用在承受载荷很小的厚壁构件中。当钎焊薄壁零件时，可采用锁边接头以提高接头强度及密封性，如图2—4所示。

虽然斜接接头焊缝的结合面比对接接头大，强度相对比对接接头高，但加工工艺复杂，所以也很少采用。

相对于加工工艺比较简单、强度比对接接头高的T形接头，在钎焊接头中较常用的主要

图2—4　锁边接头

还是搭接接头，通常可以通过改变搭接长度来达到钎焊接头与母材等强度的要求。

在生产中可根据经验公式 $L = 2 \sim 3\delta$ 来选取搭接长度。薄件钎焊时为了装配方便，可取 $L = 4 \sim 5\delta$。搭接长度不宜过长，是由于搭接接头长度越大，应力集中系数越大，常会在钎焊焊缝两端存在应力集中，而造成接头应力破坏。搭接接头长度一般应大于 15 mm。

（2）典型的钎焊接头

除了钎焊接头的基本形式外，还有以下典型的接头形式，如图 2—5 至图 2—10 所示。

1）平板钎焊的接头形式如图 2—5 所示。

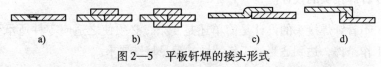

图 2—5　平板钎焊的接头形式

a) 对接形式　b) 加盖板形式　c) 搭接形式　d) 弯边和锁边形式

2）T 形和斜角钎焊的接头形式如图 2—6 所示。

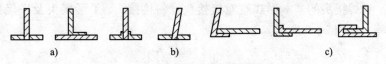

图 2—6　T 形和斜角钎焊的接头形式

a) T 形接头形式　b) 斜角形式　c) 弯边和锁边形式

3）管或棒与板的接头形式如图 2—7 所示。

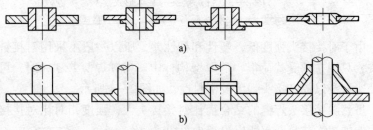

图 2—7　管或棒与板的接头形式

a) 管与板的接头形式　b) 棒与板的接头形式

4）管件钎焊的接头形式如图 2—8 所示。

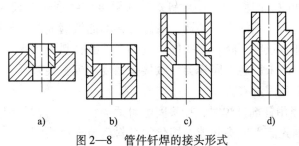

图 2—8　管件钎焊的接头形式

5）端面密封的接头形式如图 2—9 所示。

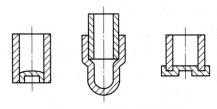

图 2—9　端面密封接头形式

6）线接触钎焊的接头形式如图 2—10 所示。

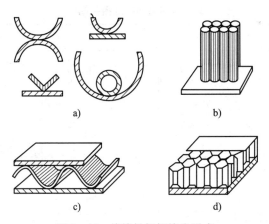

图 2—10　线接触钎焊接头形式

2. 钎焊接头间隙

钎焊是依靠毛细作用使钎料填满间隙的，因此必须正确地选择和设计接头间隙。间隙的大小对钎焊接头强度和致密性有较大的影响。接头间隙过大，毛细作用减弱，液态钎料不能填满间隙，导致接头的致密性变坏及强度下降；接头间隙过小，液态钎料流入困难，在钎缝内形成夹渣或未焊透，同样会导致接头强度和致密性降低。接头间隙的选择与下列因素有关：

（1）当用钎剂钎焊时，接头间隙可适当大一些。这是因为钎焊时熔化的钎剂先流入接头间隙，熔化的钎料后流入接头间隙，将熔化的钎剂排出间隙。如接头间隙小时，熔化的钎料难以将钎剂排出间隙，从而形成夹渣。当采用真空或气体保护焊时，接头间隙可选择小些。

（2）如母材与钎料的相互作用小时，间隙可选择小些。

（3）流动性好的钎料，如钢、共晶合金及自钎剂钎料，接头间隙应小些；而结晶间隔大的钎料流动性差，接头间隙可选大些。

（4）垂直位置的接头间隙比水平位置的接头间隙小些。搭接长度大的接头，其间隙应选大些。

（5）异种材料钎焊时，应根据热膨胀系数计算出钎焊温度下的接头间隙。常用金属材料钎焊接头间隙见表2—1。

表2—1　　　　　　　常用金属材料钎焊接头间隙

母材	钎料	间隙/mm	母材	钎料	间隙/mm
碳钢	铜	0.01~0.05	铜及铜合金	钢锌	0.05~0.20
	铜锌	0.05~0.20		钢磷	0.03~0.15
	银基	0.03~0.15		银基	0.05~0.20
	锡铅	0.05~0.20		镉基	0.05~0.20
铝和铝合金	铝基	0.10~0.25		锡铅	0.05~0.20
	锌基	0.10~0.30	钛及钛合金	铜基	0.03~0.05
不锈钢	铜	0.01~0.05		纯银	0.03~0.05
	银基	0.05~0.20		铜磷	0.03~0.05
	锰基	0.01~0.15		银基	0.05~0.10
	镍基	0.02~0.10		钛基	0.05~0.15
	锡铅	0.05~0.20	镍合金	镍基	0.02~0.10
			钴合金	钴基	0.02~0.10

二、钎焊前焊件表面准备

钎焊焊件表面的油脂、氧化物、灰尘、锈斑及其他污物会妨碍钎料在母材上的铺展和填缝，因此，焊前必须将其彻底清除。有时钎焊前还须预镀金属，以保证钎焊焊缝性能良好。

1. 去油脂及污物的方法

（1）小批量零件可用有机溶剂擦洗，如酒精、丙酮、四氯化硫、汽油、三氯乙烯、二氯乙烷及三氯乙烷等。

（2）大批量生产零件常在有机溶剂蒸气中进行脱脂处理。

（3）在热的碱液中除油，如铁、铜镍合金的焊件可浸入温度为 $80 \sim 90℃$ 的含 NaOH 为 10% 的水溶液中，浸泡时间为 $8 \sim 10$ min；铝及铝合金可浸入温度为 $60 \sim 70℃$ 的含 Na_2CO_3 为 3% ~ 5% 和烷基磺酸钠（含量为 2% ~ 4%）的水溶液中，浸泡 $5 \sim 10$ min。

（4）对于小型、复杂且批量大的焊件，可用超声波方法除油。

2. 除氧化膜的方法

焊件表面的锈蚀、氧化物常用机械去膜和化学去膜两种方法清除。

（1）机械去膜

机械去膜是一种常用的方法，可用锉刀、刮刀、砂布、砂轮打磨。但由于其生产效率低，所以也只适用于单件生产。用金属丝刷和丝轮去膜，效果较好，适用于小批量生产；去膜效果最好的是喷砂或喷丸，这种方法适用于形状复杂或表面大的零件。机械去膜的方法主要适用于钢、铜及铜合金、镍及镍合金等金属材料。

（2）化学去膜

化学去膜主要是采用酸或碱来溶解金属中的氧化物。这种方法适用于大批量生产，它不但生产效率高，去膜效果好，而且质量也易于控制。但使用时要防止浸蚀过度，浸蚀后应及时进行中和处理，然后在冷水或热水中冲洗干净。常用金属材料表面氧化膜的化学清理见表2—2。

表 2—2　　　　　　　常用金属材料表面氧化膜的化学清理

适用母材	浸蚀液成分（质量分数）	处理温度/℃
铜及铜合金	1. $H_2SO_4$10%，余量水	50～80
	2. $H_2SO_4$12.5% + $Na_2SO_4$1%～3%，余量水	20～77
	3. $H_2SO_4$10% + $FeSO_4$10%，余量水	50～80
	4. HCl 0.5%～10%，余量水	室温
碳钢与低合金钢	1. $H_2SO_4$10% + 缓蚀剂，余量水	40～60
	2. HCl 10% + 缓蚀剂，余量水	40～60
	3. $H_2SO_4$10% + HCl 10%，余量水	室温
铸铁	$H_2SO_4$12.5% + HF12.5%，余量水	室温
不锈钢	1. $H_2SO_4$16%，HCl 15%，$HNO_3$5%，余量水	100，30 s
	2. HCl 25% + HF30% + 缓蚀剂，余量水	50～60
	3. $H_2SO_4$10% + HCl 10%，余量水	50～60
钛及钛合金	HF2%～3% + HCl 3%～4%，余量水	室温
铝及铝合金	1. NaOH10%，余量水	50～80
	2. $H_2SO_4$10%，余量水	室温

3. 母材表面预镀金属

母材表面预镀金属可以防止表面氧化，改善润湿性，有时也可作为钎料使用。母材表面预镀金属见表 2—3。

表 2—3　　　　　　　　　母材表面预镀金属

焊件材料	镀层材料	镀覆方法	作用
钢	镍	电镀、化学镀	防止焊件金属氧化，改善润湿性
不锈钢	钢、银	电镀、化学镀	防止焊件金属氧化，可作为钎料
铝及铝合金	铜、锌、铝硅	涂镀	防止焊件金属氧化，可作为钎料
钼	铜、镍	电镀、化学镀	改善润湿性，提高合金强度
钛	银、镍、铜	电镀、化学镀	改善润湿性，银可作为钎料

三、钎焊接头的装配

钎焊接头的装配主要有焊件接头的定位、钎料在焊件中的放置和定位以及涂阻流剂。

1. 焊件接头的定位

在钎焊过程中，特别是钎料开始流动时，必须保持设计时的正确位置，保证其要求的间隙。为此，在钎焊装配时要用各种方法固定焊件，如重力定位、紧配合、滚花、翻边、扩口、液压、敛缝、螺钉固定、点焊、模锻、收口、锁边及夹具定位等。图2—11所示为钎焊接头的固定方法。

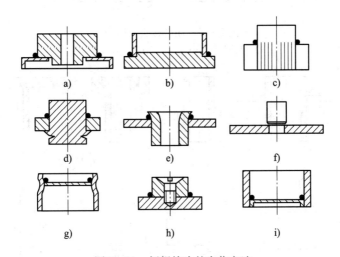

图2—11 钎焊接头的定位方法
a）重力定位 b）紧配合 c）滚花 d）翻边 e）扩口 f）液压
g）敛缝 h）螺钉固定 i）点焊

2. 钎料在焊件中的放置和定位及涂阻流剂

（1）钎料的放置

钎料在接头上安放的位置是获得牢固钎焊接头的重要保证。应将钎料安放在钎料和母材受热时温度均匀的位置，且紧贴在不易润湿或加热较慢的母材上，并尽可能使熔化的钎料在钎缝中依靠重力填满间隙。对于闭合的钎焊接头，焊前应在母材上加工出工艺孔，以便有利于钎焊中产生的气体或多余的钎剂排出，如图2—12所示。

钎料通常可做成丝状、箔片状及粉状等以供选用。粉末状钎料可用树胶或聚乙烯醇溶液作为黏结剂，黏附在钎缝上。钎料的放置位置如图 2—13 和图 2—14 所示。

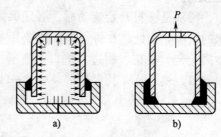

图 2—12　闭合接头的结构

a）无缝气孔，不好　b）有排气孔，良好

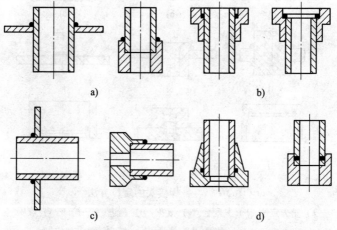

图 2—13　环状钎料的放置位置

a）环状钎料的合理放置　b）防止沿法兰平面流失的放置

c）钎料紧贴接头的放置　d）接头上开出钎料放置槽

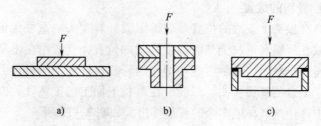

图 2—14　箔状钎料的放置位置（F 代表施加压力）

（2）钎料的定位

钎料一般放置在钎缝的上方，以便使熔化的钎料能依靠自重流入接头。其定位方式有凸肩定位、倒角定位和凹槽定位三种，如图2—15所示。

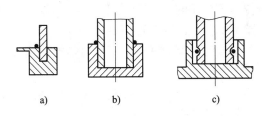

图 2—15　钎料的定位方法

a）凸肩定位　b）倒角定位　c）凹槽定位

（3）涂阻流剂

为了使钎料熔化后全部充填在接头间隙内，以获得填缝密实、表面洁净的接头，需要防止钎料流失，主要采取的方法是使用阻流剂。由于阻流剂不能被液态钎料所润湿，可以起到阻止钎料流动的作用。因此，在钎焊前常将糊状阻流剂涂在邻近接头的焊件表面，焊后再将阻流剂去除。

阻流剂在气体保护炉中钎焊和真空炉中钎焊的应用较为广泛。

四、钎焊工艺参数

钎焊的工艺参数主要包括钎焊温度、升温速度、钎缝完成后的保温时间、冷却速度等。

1. 钎焊温度

通常选取高于钎料液相线温度 25 ～ 60℃，以保证钎料能填满间隙。但对某些结晶温度间隔较宽的钎料，可以选取等于或稍低于液相线的温度。有时希望钎料与母材发生充分反应，也可选取高于液相线温度 100℃ 以上，如镍基钎焊等。

2. 升温速度

（1）升温速度的快慢可以起调节钎剂、钎料熔化速度区间的作用。钎焊时钎料最好在钎剂完全熔化后 3 ~ 10 s 即开始熔化，这时最易达到钎剂的活性高潮。时间间隔主要取决于钎剂及钎料本身的熔化速度，也可以通过升温速度来加以调节。快速加热将缩短钎剂和钎料熔化时间间隔，缓慢加热则延长两者的间隔时间。

（2）对升温速度缓慢的焊件，钎剂的熔化温度要选择较高者，升温越慢越应选择熔化温度高的钎剂。

（3）对熔化温度区间大的钎料，钎焊时需要快速加热，此时钎剂开始的熔化温度应选较高者。

（4）对那些性质较脆、热导率较低和尺寸较厚的焊件不宜升温太快；否则，易产生开裂和较大的变形。

3. 保温时间

保温时间可根据焊件大小、钎料和母材相互作用的程度来决定。厚件、大件的保温时间应适当长些，以保证加热均匀。钎料与母材作用强烈的，保温时间要短些。合适的保温时间是保证焊接质量的一个主要因素。保温时间过短，则不能形成钎缝；时间过长又会导致溶蚀等缺陷。

4. 冷却速度

冷却速度对钎缝结构有很大的影响，具体影响如下：

（1）快速冷却有利于钎缝中钎料合金的细化，从而提高了钎缝的力学性能。此法适用于薄壁、传热系数高、韧性好的焊件。

（2）较慢的冷却速度有利于钎缝结构的均匀化，这对一些钎料与母材能生成固溶体的情况显得更加突出。如用 Cu—P 钎料钎焊铜时，较慢的冷却速度使钎缝中含有更多的 Cu—P 固溶体而较少出现 Cu_3P 化合物共晶，从而提高了钎缝的强度和韧度。

五、钎焊后残留物的去除

钎焊后在焊件表面的残留物大多对钎焊接头、焊件有腐蚀作用，焊后必须加以清除，清除的方法有以下几种：

1. 对于那些能溶于水的软钎剂残留物可用热水冲洗干净，而对于不溶于水的可用有机溶剂加以清除，如丙酮、酒精、汽油等。

2. 硬钎焊所用的硼砂和硼酸钎剂焊后的残留物呈玻璃状，在水中难以溶解，一般用机械方法清除。在生产中常用热冲洗法，即在钎焊后立即将焊件投入水中，这是借助母材及钎缝与残留物的膨胀系数差异来去除残留物，要注意不能使焊接接头及焊件遭受破坏或其他不良影响。另外，生产中还可用 70~80℃ 的 2%~3% 重铬酸钾溶液进行清洗。对于那些不形成玻璃状的残留物，钎焊后可用水煮或在含 10% 柠檬酸的热水中清洗。

3. 钎焊铝时，由碱金属及碱土金属的氯化物所组成的硬钎剂残留物对接头与母材有很大的腐蚀性，钎焊件经热水洗涤后还需用酸洗液进行清洗，然后进行钝化处理。另外，还可用电化学及超声波清洗等。酸洗液的组成及要求见表2—4。

表 2—4　　　　　　　　　酸洗液的组成及要求

酸洗液名称	组成	用量/L	溶液温度/℃	浸洗时间/min
10% 硝酸溶液	HNO₃ 58%~62%	19		5~15
	水	129		
硝酸+氢氟酸溶液	HNO₃ 58%~62%	15		5~10
	HF 48%	0.6		
	水	137		
1.5% 氢氟酸溶液	HF 48%	5.7	室温	5~10
	水	152		
合成清洗液	草酸	3（kg）		5~20
	NaF	1.5（kg）		
	601 洗涤剂	3（kg）		
	水	100		

六、钎焊接头的缺陷和质量检验

1. 钎焊接头的缺陷

若钎焊接头出现缺陷，则外观不佳，力学性能下降，密封性差，影响焊件使用寿命，严重的造成焊件报废。因此，钎焊后的焊件必须进行检验，以判定钎焊接头是否符合质量要求。钎焊接头的缺陷与熔焊接头相比，无论在缺陷的类型、产生原因或消除方法等方面都有很大的差别。钎焊接头内常见的缺陷及其成因如下：

（1）填隙不良，部分间隙未被填满

1）产生原因

①接头设计不合理，装配间隙过大或过小，装配时零件歪斜。

②钎剂不合适，如活性差，钎剂与钎料熔化温度相差过大，钎剂填缝能力差等；或者是进行气体保护钎焊时气体纯度低，进行真空钎焊时真空度低。

③钎料选用不当，如钎料的润湿作用差，钎料量不足等。

④钎料安置不当。

⑤钎焊前准备工作不佳，如清洗不净等。

⑥钎焊温度过低或分布不均匀。

2）防止方法

①合理设计钎焊接头，装配时保证焊件端正，装配间隙大小适宜。

②选择钎剂时，钎剂与钎料熔化温度相差不要过大，以保证钎剂活性较好。尤其在进行气体保护钎焊时，保护气体应有较高的纯度，进行真空钎焊时真空度要高些。

③选用的钎料润湿性要好，添加钎料量要足，钎料安置要得当。

④钎焊前对焊件要认真清洗。

⑤钎焊温度不要过低，热量分布要均匀。

（2）钎缝未钎透

1）产生原因

①焊件钎焊前未清洗干净，妨碍液态钎料在焊件表面的漫流。

②钎缝间隙过大或过小，以至于液态钎料流失或流不到接头中。

③钎剂活动性差，或者钎剂作用温度过高或过低。

④焊件受热温度不均匀。

⑤钎料填加量太少。

⑥钎焊温度过低，加热不足，钎料未能完全流进接头中。

2）防止方法

①钎焊前仔细清洗焊件，清除其表面的油污和氧化膜。

②合理装配焊件，即使在热态下钎缝也要有一定间隙。

③合理使用钎料和钎剂，使钎料的熔化温度在钎剂的作用温度范

围内。

④控制焊件加热速度，使其钎焊温度均匀。

⑤填加一定量的钎料（一般为填满间隙所需钎料的125%）。

⑥适当提高钎焊温度。

（3）钎缝气孔

1）产生原因

①焊件钎焊前未清洗干净。

②钎剂选择不当或钎剂涂得不合适，钎剂去膜作用和保护气体去氧化物作用弱，接头间隙选择不当，使钎料无规则地流进接头。

③钎焊温度低或不均匀。

④钎料及基体金属释放出气体或钎料过热。

2）防止方法

①钎焊前将焊件清洗干净，接头间隙选择要得当。

②使用合格的、密度小的钎剂。

③将焊件均匀加热到适当的钎焊温度。

（4）钎缝裂缝

1）产生原因

①钎焊温度太高，焊件过烧。

②焊件受热不均匀，产生较大内应力。

③钎料结晶温度区域太宽。

④异种金属的焊件之间、焊件与钎料间的线膨胀系数差别大，接头设计、钎焊工艺和装夹不当，产生较大的内应力。

⑤钎料凝固过程中焊件产生位移。

2）防止方法

①钎焊温度适中。

②均匀加热焊件。

③选用结晶温度区域小的钎料或共晶钎料。

④合理装夹焊件并保证钎料凝固过程中焊件不产生位移。

⑤设计合理的接头，正确地确定钎焊工艺规程。

（5）钎缝夹渣

1）产生原因

①焊件钎焊前未清洗干净。

②钎缝间隙太小,阻碍残渣浮溢。

③焊件冷却速度太快,液态钎料维持时间过短,残渣来不及浮溢。

④钎缝四周的液态钎料先凝固,处在中间的残渣无法溢出。

⑤钎剂质量差,残渣多。

2)防止方法

①焊件钎焊前应清洗干净。

②选用合理的钎缝间隙。

③焊件钎焊后冷却速度不能太快。

④使用质量合格的钎剂。

(6) 钎缝过烧或过热

1)产生原因

①钎料熔点太高。

②操作不当,以致钎焊温度过高。

2)防止方法

①选用合适的钎料,钎料的钎焊温度应低于基体金属的过烧温度。

②正确掌握钎焊温度。

(7) 钎缝溶蚀

1)产生原因

①钎焊温度过高。

②液态钎料维持的时间过长。

③选用的钎料或钎剂中的重金属与焊件形成低熔点合金。

2)防止方法

①钎焊温度控制在高于钎料熔点 $30 \sim 50\,^\circ\!C$。

②保温时间适中,选用适当的钎料与钎剂。

(8) 钎料流失

1)产生原因

①钎焊温度过高。

②钎缝间隙太大。

③钎料填加量过多。

2)防止方法

①钎焊温度和钎缝间隙要适当。

②钎料填加量应适当。

(9) 钎焊瘤

1) 产生原因

①钎焊温度太低，钎料不能顺利漫流。

②钎料填加量太多。

③焊件受热不均匀。

④钎剂质量差。

2) 防止方法

①均匀加热焊件，使其达到钎焊温度。

②钎料填加量应适当。

③使用质量合格的钎剂。

2. 钎焊接头缺陷的检验方法

钎焊接头缺陷的检验方法可分为无损检测和破坏性检测。日常生产中广泛采用无损检测。破坏性检测只用于重要结构的钎焊接头的抽样检验。

(1) 外观检查

外观检查是指用肉眼或低倍放大镜检查钎焊接头的表面质量，如钎料是否填满间隙，钎缝外露的一端是否形成圆角，圆角是否均匀，表面是否光滑，是否有裂纹、气孔及其他外部缺陷。外观检查是一种初步检查，生产中应根据技术条件规定再进行其他无损检测。

(2) 表面缺陷检验

表面缺陷检验包括荧光检验、着色检验和磁粉检验。它们用来检查通过外观检查发现不了的钎缝表面缺陷，如裂纹、气孔等。荧光检验一般用于小型焊件的检查，大焊件则用着色检验。磁粉检验只用于磁性金属。

(3) 内部缺陷检验

采用一般的 X 射线和 γ 射线是检验重要焊件内部缺陷的常用方法，它可以显示钎缝中的气孔、夹渣、未钎透以及钎缝和母材的开裂等。对于钎焊接头，由于钎缝很薄，在焊件较厚的情况下常因设备灵敏度不够而不能发现缺陷，使其应用受到一定的限制。

超声波检验所能发现的缺陷范围与射线检验相同。

钎焊结构致密性检验的常用方法有一般的水压试验、气密试验、气渗透试验、煤油渗透试验和质谱试验等方法。其中水压试验用于高压容器；气密试验及气渗透试验用于低压容器；煤油渗透试验用于不受压容器；质谱试验用于真空密封接头。

钎焊接头检验方法一般都在产品技术条件中加以规定。另外，一些破坏性的检验方法包括金相检验、剥离试验、拉伸与剪切试验、扭转试验等。

第三节 钎焊分类及安全特点

一、钎焊的分类

钎焊方法很多，根据母材牌号、钎缝工作条件、生产批量大小以及场地配备等情况予以选用。钎焊方法习惯上是根据热源或加热方法来命名的。用于工业的钎焊方法有烙铁钎焊、火焰钎焊、电阻钎焊、感应钎焊、浸渍钎焊、炉中钎焊、电弧钎焊和碳弧钎焊等。

1. 烙铁钎焊

烙铁钎焊是最原始、最简单的钎焊方法，目前仍广泛地使用着，它利用烙铁头的热量加热焊件、熔化钎料和钎剂进行钎焊。根据烙铁头的加热方式不同，可分为火烙铁和电烙铁两种，电烙铁又可分为普通烙铁与恒温烙铁两种。

电烙铁头根据结构不同，分为内热式和外热式。内热式电烙铁头的杆身为空心，发热线圈置于其中。外热式电烙铁头的杆身为实心，发热线圈在其外周，用相同功率加热，前者升温速度快。

常用的电烙铁功率是 25 ~ 250 W。25 ~ 45 W 的电烙铁用于印制电路板与电子元器件引线的钎焊。60 ~ 75 W 的电烙铁可钎焊无线电、仪器和仪表等小零件。100 ~ 150 W 的电烙铁用来钎焊无线电底板、仪器和仪表外壳以及大直径导线等。

2. 火焰钎焊

利用可燃气体与空气、压缩空气或氧气燃烧的火焰来加热焊件、熔化钎料和钎剂进行钎焊，称为火焰钎焊。这些可燃气体有乙炔、丙烷、煤气、雾化的汽油、煤油、酒精以及氢气等。

氧气、乙炔火焰温度高达 3 000℃，可钎焊铜及铜合金、铸铁、碳钢、硬质合金和不锈钢等。铝及铝合金的钎焊应采用燃烧温度较低的煤气、氧气火焰或雾化汽油、压缩空气火焰。铂、金等贵金属的钎焊习惯上采用氢气、氧气火焰。

火焰钎焊设备简单，为普通的气焊焊枪，偏僻地区可用喷灯，操作也灵活，是企业中常用的钎焊方法。缺点是钎缝质量受工人操作水平的高低影响，质量不易保证。

3. 电阻钎焊

两个焊件被低电压、大电流的电阻焊机的上、下电极压紧，中间放置钎料与钎剂，上、下电极通电后，利用电阻热加热焊件、熔化钎料和钎剂，数秒钟后切断电流，见钎料凝固即卸去电极压力，取下焊件，这就是电阻钎焊。

电阻钎焊加热焊件速度快，生产效率高。缺点是钎焊面受上、下电极端面尺寸限制，不能太大，它适用于硬质合金刀头与中碳钢刀柄、小功率电机的转子、定子与绕组以及各种开关触头等的钎焊。

4. 感应钎焊

应用高频电流 150～700 千周/s 的交变磁场在焊件中产生的感应电流所发生的电阻热与涡流热来加热焊件，熔化钎料、钎剂，冷却后形成钎缝，这就是感应钎焊。

高频电流由高频发生器产生，焊件周围的交变磁场是通过感应线圈的高频电流形成的，感应线圈可单匝或多匝。它的几何尺寸根据焊件尺寸与钎缝形状而定，感应线圈由纯铜管制成。为防止过热，中间须通冷却水，焊件的感应电流强弱与感应线圈尺寸及其与焊件之间的间隙大小有关，间隙越小，感应电流越大，焊件加热速度也越快，这对圆形焊件尤为明显。

感应钎焊时，通常用箔状或丝圈状钎料，钎料放在钎焊缝间隙内，也可放在连接着钎缝的、预先加工的、不深的槽内，同时加入钎剂。如用粉状钎料，则需配用糊状钎剂，以免粉状钎料在电磁力作用下移动。

高频感应加热速度快，因此生产效率高，感应钎焊通常用于钎焊黑色金属或有色金属，如自行车把手、硬质合金刀具、铜合金、合金钢、镍合金等。因为温度不易控制，所以很少用于铝合金钎焊，它配用还原性气体（如 H_2 等）、惰性气体（如 Ar 等）或真空，可钎焊质量要求高的电真空器件。

5. 浸渍钎焊

浸渍钎焊是将焊件局部或整体浸入熔态的盐混合物（称为盐浴）或钎料（称为金属浴）中而实现加热和钎焊的方法。它的优点是加热迅速，生产效率高，液态介质保护零件不受氧化，有时还能同时完成淬火等热处理过程，特别适用于大量生产。

浸渍钎焊可分为盐浴钎焊和金属浴钎焊。

(1) 盐浴钎焊

盐浴钎焊主要用于硬钎焊。由于盐液是加热和保护的介质，故必须予以正确选择。盐液成分应满足的条件是：具有合适的熔化温度；成分和性能稳定；对焊件起保护作用。盐液的组分通常分以下几类：

1) 中性氯盐，它可以防止焊件表面氧化。除了用铜钎焊低碳钢外，用铜基钎料和银基钎料钎焊时，应在焊件上施加钎剂。钎剂可以在组装前、组装过程中或组装后通过刷、浸蘸或喷洒等方式加到焊件上。

2) 在中性氯盐中加入少量钎剂，如硼砂，以提高盐的去氧化能力。这时，在焊件上不必再施加盐。为了保持盐液的去氧化能力，需要周期性地补加钎剂。

3) 渗碳和氮化盐，这些盐本身具有钎剂的作用。此外，在钎焊钢时，还可对钢表面起渗碳和渗氮作用。钎焊铝及铝合金用的盐液既是导热的介质，又是钎焊过程中的钎剂。为了保证钎焊质量，必须定期检查盐液的组分及杂质含量，并加以调整。

盐浴浸渍钎焊的主要设备是盐浴槽。加热方式有以下两种：

一是外热式的，盐浴槽实质是一个坩埚，坩埚可用碳钢、不锈钢制造；用于铝钎焊时，坩埚底部还应砌上石墨砖，外部用电阻丝加热。

二是内热式的，盐浴槽的内壁由能耐盐液腐蚀的材料制成，通常为不锈钢或高铝砖；铝钎焊盐浴槽材料为碳钢或纯铜，其电极材料则采用石墨或不锈钢。为了操作安全，均用低电压（10～15 V）、大电流加热。当电流通过盐液时，由于电磁场的搅拌作用，整个盐液温度比较均匀，可控制在±3℃范围内。但盐液的电磁循环作用可能使零件或钎料发生错位，因此必须对组件进行可靠的固定。

放入盐浴前，为了去除水分及均匀加热，装配好的焊件要进行预热。如为了去除焊件及钎剂的水分，以防止盐液飞溅，则预热到120～150℃即可。如为了减小焊件进入时盐浴温度的下降，缩短钎焊时间，并保持均匀加热，预热温度可提高。

钎焊时，焊件通常以某一角度倾斜浸入盐浴，以免空气被堵塞而阻碍盐液流入，造成漏钎。钎焊结束后，焊件也应以一定角度取出，以便使盐液流出，但倾角不能过大，以免尚未凝固的钎料流积或流失。

盐浴浸渍钎焊的优点是生产效率高，容易实现机械化，适于批量生产。不足之处是这种方法不适于间歇操作，焊件的形状必须便于盐液能完全充满和流出，而且盐浴钎焊成本高，污染严重，现已不大采用这种钎焊方式。

（2）金属浴钎焊

金属浴钎焊是将装配好的焊件浸入熔态钎料中，依靠熔态钎料的热量使焊件加热到规定温度。与此同时，钎料渗入接头间隙，完成钎焊过程。

施加钎剂的方式有两种：一种是先将焊件浸入钎剂溶液中，取出干燥后再浸入熔态钎料；另一种是在熔态钎料表面加一层熔态钎剂，焊件通过熔态钎剂时就沾上了钎剂。为了防止熔态钎剂的失效，必须不断更换或补充新的钎剂。在后一种情况下，熔态钎剂又可防止熔态钎料的氧化。

这种方法的优点是装配比较容易（不必安放钎料），生产效率高。特别适用于钎缝多而复杂的焊件，如散热器等。其缺点是焊件表面沾满钎料，增加了钎料的消耗量，必要时还须清除表面不应沾留的钎料。

又由于钎料表面的氧化和母材的溶解，熔态钎料成分容易发生变化，需要不断地精炼和进行必要的更新。

金属浴钎焊由于熔态钎料表面容易氧化，主要用于软钎焊。

波峰钎焊是金属浴钎焊的一个变种，主要用于印制电路板的钎焊。

在熔化钎料的底部安放一个泵，依靠泵的作用使钎料不断地向上涌动，印制电路板在与钎料的波峰接触的同时随传送带向前移动，从而实现元器件引线与焊盘的连接。波峰钎焊又可分为单波峰钎焊、双波峰钎焊以及喷射空心波峰钎焊等。

波峰钎焊的特点是钎料波峰上没有氧化膜，能使钎料与电路板保持良好的接触，可大大加快钎焊速度，提高生产效率。因钎料在液态不断流动，容易氧化，为此在表面常施加覆盖剂，或采用抗氧化锡铅钎料。

6. 炉中钎焊

利用加热炉的热量加热焊件、熔化钎料进行钎焊叫作炉中钎焊。炉中钎焊的优点是焊件受热均匀，变形小；钎缝均匀、致密，力学性能一致。

进行炉中钎焊时，由于焊件所处的气氛不同，可分为空气炉中钎焊、还原性气体炉中钎焊、惰性气体炉中钎焊和真空钎焊。

（1）空气炉中钎焊

空气炉中钎焊是将焊件放在普通箱式电炉中或隧道式电炉中进行钎焊。优点是设备简单，操作方便，成本低。缺点是焊件在钎焊过程中接触空气，受到氧化，要使用钎剂。铝及铝合金的波导、高频器件、小型散热器、铜及铜合金的微波器件、铜管乐器以及不锈钢制品、钢件等均可在空气炉中钎焊。

（2）还原性气体炉中钎焊

通常采用露点低（约 $-60℃$）的 H_2 充当还原性气体。还原性气体炉中钎焊一般是指焊件在 H_2 炉中钎焊。在炉子的一头通入 H_2，另一头逸出。对逸出的气体必须点火使其燃烧，以免发生爆炸。H_2 能还原某些金属氧化物而使这些金属钎焊过程顺利进行。电真空器件（如无氧铜与陶瓷等）以及低碳钢、镍、钴、铬等金属均可在 H_2 还原性气体炉中钎焊。

（3）惰性气体炉中钎焊

惰性气体炉中钎焊一般是指焊件在流动的氩气炉中钎焊，由于流动的氩气连续不断充实炉中，以至于炉中的氧分压明显下降，焊件表面氧化物获得分解。在流动的氩气炉中，可用铝钎料钎焊铝及铝合金，用银钎料钎焊钛合金，用含有锂的银钎料钎焊不锈钢等。

（4）真空钎焊

真空钎焊是将预先放置有钎料的焊件置于无钎剂且真空条件下的电加热炉膛内进行的钎焊，这是一种先进的钎焊方法，很适合铝合金、镍合金、钛合金、不锈钢和无氧铜等材料的钎焊。

真空钎焊设备包括真空加热炉、真空机组、控制台三部分。真空机组由机械真空泵、油扩散泵、真空管道、阀门等组成。高低压真空计、温度表、电流表、电压表和开关等安装在控制台上。

按加热方式不同，真空炉可分为热壁式和冷壁式两种。前者的发热体装置在另一较大的加热炉膛内，钎焊时把真空炉推入这个加热炉膛中加热；后者则是将发热体安装在真空炉膛本体中。钎焊时，将装有钎料的焊件放到真空炉膛均温区，先开动机械真空泵，后开启油扩散泵，当真空炉炉膛抽到需要的真空度时加热焊件，这时焊件、夹具、钎料析出气体而使炉膛真空度明显下降，继续对真空炉抽气、加热，使其到达需要的真空度和钎焊温度，保温一定时间后停止加热，由于这时焊件和炉膛仍处在高温下，还需继续抽气，以免发生氧化。

真空钎焊的钎缝质量最好，但对含有锌、镉、锂、磷、锰等高蒸发性元素的焊件或钎料是不能钎焊的。因为它们在真空下极易挥发，这既破坏真空钎焊过程，又污染真空炉炉膛。

7. 电弧钎焊

电弧钎焊是一种新型的钎焊工艺。钎焊时电弧位于焊件与熔化极之间，周围是惰性气体。钎料作为电弧的一个电极，从焊枪中连续送进钎焊区，形成钎焊焊缝的填充金属。

电弧钎焊具有节能、高效的特点，同时，由于氩气流对电弧具有压缩作用，热量较集中，加热升温速度快，钎焊接头在高温停留时间短，母材金属晶粒不易长大并使热影响区变窄，其组织与性能变化也较小，焊缝成形美观，速度快，钎焊接头强度较高。电弧钎焊用于镀锌钢板钎焊时，可防止锌层的破坏及锌的蒸发，钎缝耐腐蚀，生产效率高。

根据电极采用的材料不同，电弧钎焊分为熔化极惰性气体保护电弧钎焊（MIG 钎焊）和钨极惰性气体保护电弧钎焊（TIG 钎焊）、脉冲熔化极/非熔化极惰性气体保护电弧钎焊及等离子弧钎焊。对于 TIG 和 MIG 钎焊，当电极接正极、母材接负极时，因其特有的"阴极雾化"作用，能破碎和清洁钎缝表面的氧化膜；当电极接负极时，由于等离子电弧柱的热活化和热蒸发作用，能使加热区得到净化，所以电弧钎焊不用钎剂，无钎剂腐蚀作用，不需要焊后清洗。对 MIG 钎焊中采用脉冲电流是取得低热输入最适宜的方式，并采用一脉冲一滴的熔滴过渡方式。钎焊过程中无飞溅，电弧十分稳定。采用脉冲 MIG 钎焊，因接头能够熔敷足够多的钎料，而这个部位的热输入量却很小，所以对减小变形效果显著。

电弧钎焊能够进行薄板对接焊而不需要对焊件进行背面气体保护。具有良好的搭桥能力，使得焊接过程操作容易，特别适用于自动焊。CMT（冷金属过渡）技术已成功地应用于铝与不锈钢的异种材料电弧钎焊中。

二、钎焊的安全特点

钎焊过程中，所使用的钎料成分中含有低熔点、高蒸气压的金属元素，如锌、锰、铅等金属蒸气及元素，产生的氧化物烟雾吸入人体后容易引起中毒。

在钎焊前，清洗焊件油脂，去除表面氧化物，以及钎焊后清除焊件的残留物时所用的化学药品或有机溶剂会挥发出有害气体，对人体会产生一定的毒害作用。

在盐浴钎焊作业时，如果操作不当，将带有水分的焊件放入盐浴槽会引起爆炸，飞出的高温溶盐会伤及操作人员和其他人员。

因此，这些安全隐患应引起人们足够的重视。

第四节　钎焊材料分类、用途及选择

钎焊材料是钎焊过程中在低于母材（被钎金属）熔点的温度下熔化并填充钎焊接头的钎料（金属、合金）及起去除或破坏母材被钎部位氧化膜作用的钎剂的总称。钎焊材料根据所起作用的不同分为钎料和钎剂，其质量的好坏、合理地选择和应用对钎焊接头的质量起着举足轻重的作用。

一、钎焊材料的分类和用途

1. 钎料分类

钎料可按下列两种方法分类：

（1）按钎料熔点分类

通常将熔点在450℃以下的钎料称为软钎料，而高于450℃的称为硬钎料，高于950℃的称为高温钎料。

（2）按钎料化学成分分类

按组成钎料的主体金属来命名，如软钎料可以分为铟基钎料、铋基钎料、锡基钎料、铅基钎料、镉基钎料和锌基钎料等，其熔点范围如图2—16所示。硬钎料可分为铝基钎料、银基钎料、铜基钎料、锰基钎料、镍基钎料等，其熔点范围如图2—16所示。

2. 钎料的型号与牌号

（1）钎料的型号

根据GB/T 6208—1995《钎焊型号表示方法》的规定，钎料型号由两部分组成。

钎料型号中第一部分用一个大写英文字母表示钎料的类型：首字母"S"表示软钎料，"B"表示硬钎料。

钎料型号中的第二部分由主要合金组分的化学元素符号组成。在这部分中第一个化学元素符号表示钎料的基体组分；其他化学元素符号按其质量分数（％）顺序排列，当几种元素具有相同的质量分数时，按其原子序数顺序排列。

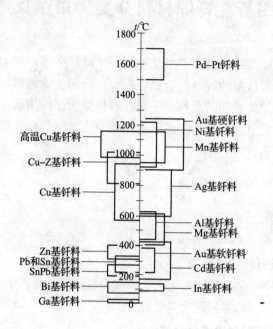

图2—16　软、硬钎料熔点范围

　　软钎料每个化学元素符号后都要标出其公称质量分数；硬钎料仅第一个化学元素符号后标出公称质量分数。公称质量分数取整数，误差为±1％，若其元素公称质量分数仅规定最低值时应将其取整数。公称质量分数小于1％的元素在型号中不必标出，但如某元素是钎料的关键组分一定要标出时，软钎料型号中可仅标出其化学元素符号，硬钎料型号中将其化学元素符号用括号括起来。

　　每个钎料型号中最多只能标出6个化学元素符号。将符号"E"标注在型号第二部分之后用以表示是电子行业用软钎料。对于真空级钎料，用字母"V"表示，以短画"—"与前面的合金组分分开，既可用作钎料又可用作气焊焊丝的铜锌合金用字母"R"表示，前面同样加一短画。

　　钎料型号举例：

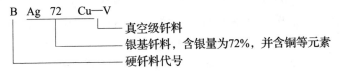

B　Ag　72　Cu—V
└─ 真空级钎料
└─ 银基钎料，含银量为72%，并含铜等元素
└─ 硬钎料代号

（2）钎料的牌号

在 GB/T 6208—1995 颁布前，我国另有一套钎焊牌号表示方法，长期使用已成习惯，上述国家标准颁布执行后仍常见到。钎料俗称焊料，以牌号"HL×××"或"料×××"表示，其后第一位数字代表不同合金类型，其含义见表2—5；第二、第三位数字代表该类钎料合金的不同编号。

表2—5　　　　　　　　　焊料牌号第一位数字的含义

牌号	合金类型	牌号	合金类型
HL1×× （料1××）	CuZn 合金	HL5×× （料5××）	Zn 基、Cd 基合金
HL2×× （料2××）	CuP 合金	HL6×× （料6××）	SnPb 合金
HL3×× （料3××）	Ag 基合金	HL7×× （料7××）	Ni 基合金
HL4×× （料4××）	Al 基合金		

应指出，在近几年颁布和实施的有关钎料的国家标准中，钎料型号表示方法未完全按 GB/T 6208 统一起来。例如，SJ/T 10753—1996《电子器件用金、银及其合金钎焊料》中用牌号"DHLAgCu28"表示，D 表示电子器件用。由于我国钎料型号、牌号的表示方法目前在国家标准中尚不统一，后面表中的钎料型号、牌号随着来源不同，表示方法也不同。

3. 钎料的种类及用途

（1）银基钎料

银基钎料包括银铜、银铜锌、银铜锌镉和银铜锌锡等合金。这些钎料由于熔点不高，润湿性好，操作容易，强度、塑性和导电性都不错，除铝、镁等熔点低的金属外，大多数金属和合金（如铜及铜合金、钢、铸铁、不锈钢、耐热合金等）都能用银基钎料来钎焊，因此得到广泛的应用。银基钎料是应用最多的硬钎料，主要适用于火焰钎焊、电阻钎焊、炉中钎焊等工艺方法。

具有72%的 Ag、28%的 Cu 的银铜合金钎料（BAg72Cu）熔点为

780℃，可以使用有保护气氛的炉中钎焊焊接有色金属。加入锌可以降低铜银二元合金的熔点，并且有助于润湿铁、钴和镍金属。镉也能有效降低这些合金的钎焊温度并有助于润湿各种母材。但存在于钎焊烟雾中的氧化镉是有毒的，应该尽可能使用无镉钎料。锡能够有效降低钎焊温度，在钎料中锡可以代替锌和镉。加入镍有助于润湿碳化钨材料，并能提高防腐性能。包含镍的钎料主要用于不锈钢钎焊。

银基钎料的形状可以是丝状、条状、膏状和颗粒状、带状。一些钎料可以是镀层或"复合"带，在铜芯的两边黏上钎料，适用于焊接碳钢刀头。铜芯吸收了硬质合金和刀柄之间热膨胀差异引起的应力，有助于防止开裂。

常用银基钎料的成分、性能及用途见表2—6。

表2—6　　　　　常用银基钎料的成分、性能及用途

型　号	牌号 (JB)	主要化学成分 (质量分数) / (%)			熔化温度/℃		抗拉强度/MPa	主要用途
		Ag	Cu	Zn	固相线	液相线		
B – Ag25CuZn	HL302	24.0 ~ 26.0	40.0 ~ 42.0	33.0 ~ 35.0	745	775	353	具有良好的润湿作用和填缝能力，常用于钎焊铜及其合金、钢、不锈钢等
B – Ag45CuZn	HL303	44.0 ~ 46.0	29.0 ~ 31.0	23.0 ~ 27.0	660	725	386	应用甚广，常用于强度高、能承受振动载荷的焊件，在电子和食品工业中广泛应用
B – Ag50CuZn	HL304	49.0 ~ 51.0	33.0 ~ 35.0	14.0 ~ 18.0	690	775	343	适用于钎焊间隙不均匀或要求圆角较大的零件，可钎焊铜及其合金、钢等
B – Ag10CuZn	HL301	9.0 ~ 11.0	52.0 ~ 54.0	36.0 ~ 38.0	815	850	451	钎焊接头塑性较差，主要用于钎焊要求较低的铜及其合金、钢等

续表

型　号	牌号（JB）	主要化学成分（质量分数）/（%）			熔化温度/℃		抗拉强度/MPa	主要用途
		Ag	Cu	Zn	固相线	液相线		
B - Ag72Cu	HL308	71.0 ~ 73.0	余量	—	779	780	375	不含挥发元素，导电性好，适用于铜和镍的真空和还原气氛钎焊
B - Ag65CuZn	HL306	64.0 ~ 66.0	19.0 ~ 21.0	余量	685	720	384	钎料熔化温度较低，强度和塑性好，可用于钎焊性能要求高的黄铜、青铜、钢件

（2）铜基钎料

铜基钎料适用于火焰钎焊、电阻钎焊、炉中钎焊、感应钎焊和浸渍钎焊等工艺方法，用途较广泛。根据国家标准《铜基钎料》（GB/T 6418—1993）的规定，铜基钎料分为纯铜钎料、铜锌钎料和铜磷钎料，其分类及型号见表2—7。

表2—7　　　　　　　　　　铜基钎料的分类及型号

分类	钎料标准型号	样本牌号	分类	钎料标准型号	样本牌号
纯铜钎料	BCu	—	铜磷钎料	BCu93P	料201 或 HL201
铜锌钎料	BCu54Zn	料103 或 HL103		BCu92PSb	料203 或 HL203
	BCu58ZnMn	料105 或 HL105		BCu86SnP	—
	BCu60ZnSn - R	丝221		BCu91PAg	—
	BCu58ZnFe - R	丝222		BCu89PAg	—
	BCu48ZnNi - R	—		BCu80AgP	料204 或 HL204
	BCu57ZnMnCo	—		BCu80SnPAg	—
	BCu62ZnNiMnSi - R	—			

这些合金一般用来钎焊碳钢、低合金钢、不锈钢、镍和铜镍。这些合金主要用在无钎剂还原气氛的炉中钎焊。当金属具有难以还

原的氧化膜成分时（如铬、锰、硅、钛、钒、铝等），需要使用钎剂。纯而干燥的氢气、氩气、游离的氨和真空气氛适合处理含有铬、锰和硅的母材。可以拉成丝、线，可以做成其他形状；还可以按各种目数加工颗粒或制成膏状，还有以悬浮在有机体上的氧化铜膏状形式提供。

1）铜锌钎料。可以采用手工钎焊、炉中钎焊和感应钎焊等方法完成。避免过热是很重要的，过热能够蒸发掉锌，使接头产生孔隙。这类钎料要求使用钎剂，钎剂以颗粒、膏状应用或涂敷在钎料上。在许多产品应用中，通过火焰引入的气体钎剂是常见的补充颗粒钎剂或膏状钎剂的方法。

铜及铜锌类钎料的成分、性能和用途见表2—8。

2）铜磷钎料。主要用于铜和铜合金母材。该钎料能够使用在无钎剂的清洁的非合金铜上。为避免形成含磷的脆性金属间化合物，这些合金不能使用在黑色金属或镍基合金或含镍量超过10%的铜镍合金中。铜磷接头的耐腐蚀性一般来说与铜相当。但应避免暴露在含硫气体中，在这种环境下铜磷接头有腐蚀倾向。

铜磷合金可以加工成线状、条状，制成环状和其他形状，如拉丝、颗粒和膏状，可以用于火焰钎焊、炉中钎焊、电阻钎焊和感应钎焊等焊接方法。

铜磷类钎料的成分、性能和用途见表2—9。

(3) 铝基钎料

铝基钎料以铝硅合金为基料，适量地加入了Cu、Si、Zn和Mg等元素，适用于火焰钎焊、炉中钎焊和浸渍钎焊等工艺方法。

铝硅钎料用于可钎焊的铝基金属。硅和铜降低了铝的熔点，纯铝中加入元素生产出适合钎焊的钎料，熔点低于钎焊母材的固相线温度而被使用。镁被加入某些钎料中以在真空钎焊中促进氧化膜分散。铝基钎料可以钎焊许多精炼的非热处理强化铝合金和铸造铝合金。

当选择钎料时，要选择液相线低于母材固相线的钎料，温度差至少为24～38℃。如果在钎焊过程中钎焊方法控制的加热温度精确，也可以使用更小的温差范围。在大多数铝钎焊操作中，使用钎剂清除和防止表面氧化皮，促进钎料润湿母材。

表2—8　铜及铜锌类钎料的成分、性能和用途

型号 (JB)	牌号	主要化学成分（质量分数）/%							熔化温度/℃		抗拉强度/MPa	主要用途
		Cu	Zn	Sn	Si	Mn	Fe	Ni	固相线	液相线		
BCu54Zn	HL103	53.0~55.0	余量	—	—	—	—	—	885	888	254	钎料塑性较差，主要用来钎焊不受冲击和弯曲的铜及其合金零件
BCu58ZnMn	HL105	57.0~59.0	余量	—	—	3.70~4.30	0.15	—	880	909	304.2	广泛代替H62钎料以获得更致密的钎缝，及采掘工具的钎焊
BCu60Zn Sn-R	HS221	59.0~61.0	余量	0.80~1.20	0.15~0.35	—	—	—	890	905	343.2	可取代H62钎料以获得更致密的钎缝，还可作为气焊黄铜的焊丝
BCu58Zn Fe-R	HS222	57.0~59.0	余量	0.70~1.0	0.05~0.15	0.03~0.09	0.35~1.20	—	860	900	333.4	同钎料BCu60ZnSn-R
BCu48Zn Ni-R		46.0~50.0	余量	—	0.04~0.25	—	—	9.0~11.0	921	935	—	用于有一定耐热要求的低碳钢、铸铁、镍合金零件的钎焊，也可用于硬质合金刀具的钎焊

表2—9　铜磷类钎料的成分、性能及用途

型号	牌号 (JB)	主要化学成分 (质量分数) / (%)					熔化温度/℃		抗拉强度/MPa	主要用途
		Cu	P	Ag	Sb	Sn	固相线	液相线		
BCu93P	HL201	余量	6.80 ~ 7.50	—	—	—	710	800	470	流动性极好，主要用于手机电和仪表工业，钎焊不受冲击载荷的铜及黄铜零件
BCu92PSb	HL203		5.80 ~ 6.70	—	1.50 ~ 2.50	—	690	800	305	流动性稍差，用途与 BCu93P 相同
BCu80AgP	HL204		4.80 ~ 5.30	14.5 ~ 15.5	—	—	645	800	503	钎料的导电性和塑性进一步改善，适用于钎焊间隙较大的零件
BCu80SnPAg	HL207		4.80 ~ 5.30	4.50 ~ 5.50	—	9.50 ~ 10.50	560	650	—	用于要求钎焊温度低的铜及其合金零件

铝钎料用于手工操作时可以条状和丝状供应。钎焊材料也可以制成环状、膏状和颗粒状，使得预置的合金有可能使用在炉中钎焊和浸渍钎焊中。更便捷的方法是铝钎焊片材，钎焊合金片材被应用到母材的一面或两面。5%～10%金属镀层的厚度辅助钎焊组件的设计，可取消单独预置钎料的操作。

铝基钎料的成分、性能及用途见表2—10。

表2—10　　　　　　　铝基钎料的成分、性能及用途

型号	牌号	化学成分（质量分数）/（%）	熔化温度/℃	性能及用途
BAl88Si（Cu）	HL400	w（Si）＝11.7 Al 余量	577～582	有良好的润湿性和流动性，耐腐蚀性很好，钎料具有一定的塑性，可加工成薄片，是应用很广泛的一种钎料，广泛用于钎焊铝及铝合金
BAl67CuSi	HL401	w（Si）＝5 w（Cu）＝28 Al 余量	525～535	具有较高的力学性能，在大气和水中耐腐蚀性很好，熔点较低，操作容易，在火焰钎焊时应用很广泛，用于铝及铝合金钎焊、修补铝铸件缺陷、钎焊铝合金 LF21 散热器
BAl86SiCu	HL402	w（Si）＝10 w（Cu）＝4 Al 余量	520～585	填充能力强，钎缝强度高，在大气中有良好的抗腐蚀性，可以加工成片和丝，广泛用于钎焊纯铝、防锈铝 LF21、锻铝 LD2 等铝及铝合金
BAl80SiZn	HL403	w（Si）＝10 w（Cu）＝4 w（Zn）＝10 Al 余量	516～560	熔点低，强度较高，流动性好，但耐腐蚀性较差，常用于钎焊纯铝、防锈铝 LF21 和 LF2 及锻铝 LD2 等铝及铝合金

（4）锡铅钎料

锡铅钎料是应用最广泛的软钎料，它具有熔点低、润湿作用强和耐腐蚀性优良的特点，适用于烙铁钎焊和火焰钎焊等工艺方法，锡铅钎料的成分、性能及用途见表2—11。

表2—11　　　　　锡铅钎料的成分、性能及用途

型号	牌号	化学成分（质量分数）/（%）	熔压温度/℃	抗拉强度/MPa	性能及用途
S－Sn60Pb39Sb	HL600	w（Sn）=59~61 w（Sb）≤0.8 Pb余量	183~190	46	熔点最低，流动性好，适用于钎焊无线电零件、电器开关零件、计算机零件、易熔金属制品及低温工作的焊件
S－Sn40Pb58Sb2	HL603	w（Sn）=39~41 w（Sb）=1.5~2.0 Pb余量	183~235	37	润湿性和流动性好，有相当的耐腐蚀能力，熔点也较低，应用最广泛，用于钎焊铜及铜合金、钢、锌、钛及钛合金，可得光洁表面，常用来钎焊散热器、无线电设备、电气元件及各种仪表等
S－Sn90Pb10Sb	HL604	w（Sn）=89~91 w（Sb）≤0.15 Pb余量	183~215	42	含锡量最高，耐腐蚀性好，可用于钎焊大多数钢材、铜材及其他许多金属。因含铅量低，特别适用于食品器皿及医疗器械内部的钎焊
S－Sn5Pb93Ag	HL608	w（Sn）=4~6 w（Ag）=1.0~2.0 Pb余量	296~301	34	具有较高的高温强度，用于铜及铜合金、钢的烙铁钎焊及火焰钎焊

续表

型号	牌号	化学成分（质量分数）/（%）	熔升温度/℃	抗拉强度/MPa	性能及用途
S－Sn50Pb49Sb1	HL613	w（Sn）＝49～51 w（Sb）≤0.8 Pb 余量	183～215	37	结晶温度区间小，流动性很好，常用于钎焊飞机散热器、计算机零件、铜、黄铜、镀锌或镀锡铁皮、钛及钛合金制品等

4. 钎剂的作用及分类

（1）作用

钎焊熔剂（钎剂）是钎焊过程中用的熔剂，与钎料配合使用，是保证钎焊过程顺利进行和获得致密接头不可缺少的。钎剂的作用是清除熔融钎料和母材表面的氧化物，保护钎料及母材表面不被继续氧化，改善钎料对母材的润湿性能，促进界面活化，使其能顺利地实现钎焊过程。钎剂与钎料的合理选用对钎焊接头的质量起关键作用。

钎焊时对钎剂有以下基本要求：

1）钎剂的熔点和最低活性温度比钎料低，在活性温度范围内有足够的流动性。在钎料熔化之前钎剂就应熔化并开始起作用，去除钎缝间隙和钎料表面的氧化膜，为液态钎料的铺展、润湿创造条件。

2）应具有良好的热稳定性，使钎剂在加热过程中保持其成分和作用稳定不变。一般来说，钎剂应具有不小于100℃的热稳定温度范围。

3）能很好地溶解或破坏钎焊金属和钎料表面的氧化膜。钎剂中各组分的汽化（蒸发）温度比钎焊温度高，以避免钎剂挥发而丧失作用。

4）在钎焊温度范围内钎剂应黏度小、流动性好，能很好地润湿钎焊金属，减小液态钎料的界面张力。

5）熔融钎剂及清除氧化膜后的生成物密度应较小，有利于上浮，呈薄膜层均匀覆盖在钎焊金属表面，有效地隔绝空气，促进钎料润湿和铺展，不至于滞留在钎缝中形成夹渣。

6）熔融钎剂残渣不应对钎焊金属和钎缝有强烈的腐蚀作用，钎剂挥发物的毒性小。

实际生产中，钎剂是不可能完全满足上述要求的，所以，应根据钎剂的特点及具体情况来选择钎剂。

（2）分类

1）软钎剂。它是指在450℃以下钎焊用的钎剂，由成膜物质、活化物质、助剂、稀释剂和溶剂等组成，可分为无机软钎剂和有机软钎剂两类。

无机软钎剂具有很高的化学活性，去除氧化物的能力很强，热稳定性好，能促进液态钎料对钎焊金属的润湿，保证钎焊质量。这类钎剂适应钎焊温度范围较宽，但其残渣有强烈的腐蚀作用，故又称腐蚀性软钎料，钎焊后必须清除干净。无机软钎剂可用于不锈钢、耐热钢、镍基合金等的钎焊。

有机软钎剂有水溶性和天然树脂（松香）之分，对母材几乎没有腐蚀性，故又称非腐蚀性软钎剂。常用软钎剂的成分和性能见表2—12。

2）硬钎剂。它是指在450℃以上钎焊用的钎剂。黑色金属常用的硬钎剂的主要组分是硼砂、硼酸及其混合物。为了得到合适的熔点和增强去除氧化物的能力，可以添加各种碱金属或碱土金属的氟化物、氟硼酸盐等。

硼砂（$Na_2B_4O_7 \cdot 10H_2O$）是单斜类白色透明晶体，易溶于水，加热到200℃以上结晶水可全部蒸发。硼砂应在脱水后使用。硼砂中的硼酐与金属氧化物作用形成易熔的硼酸盐，并进一步分解形成偏硼酸钠，与硼酸盐形成熔点更低的混合物，从而达到去除氧化物的目的，故可用作钎剂。常用硬钎剂的成分、特点及用途见表2—13。

其中FB102是应用最广泛的通用钎剂；钎剂FB103的钎焊温度最低，特别适用于银铜锌镉钎料；钎剂FB104不含KBF4，钎剂不易挥发，在加热速度较慢的情况下仍可保持较长时间的活性。

表 2—12　常用软钎剂的成分和性能

类别	钎剂名称（或型号）	化学成分（质量分数）/（%）	钎焊温度/℃	性能
无机盐钎剂	氯化锌溶液（FS312A）	$w(ZnCl_2)=40$，$w(H_2O)=60$	290~350	$ZnCl_2$去除氧化膜的作用在于形成络合酸而溶解氧化物，氯化锌为活性剂，可提高钎焊性能，但去除氧化膜的能力有限，故主要在锡铅钎焊料和钢，铜及铜合金时的使用
	氯化锌—氯化铵溶液（FS311A）	$w(ZnCl_2)=40$，$w(H_2O)=55$，$w(NH_4ClO)=5$	290~350	有较强的去除氧化物能力。当锡铝钎焊料钎焊钢，不锈钢、镍铬合金时的应选用这类钎剂或$ZnCl_2$—NH_4Cl—HCl溶液钎剂
	钎剂膏	$w(ZnCl_2)=20$，$w(NH_4ClO)=5$，凡士林为75，	180~320	
	氯化锌—盐酸溶液 FS322A	$w(ZnCl_2)=25$，$w(H_2O)=25$，$w(HClO)=25$	180~320	
	剂205	$w(ZnCl_2)=50$，$w(NH_4ClO)=15$，$w(H_2O)=5$，$w(CdCl_2)=30$	250~400	在$ZnCl_2$—NH_4Cl钎剂基础上加入$CdCl_2$和NaF而成，可提高钎剂的熔点，配合偏基，锌基钎料钎焊铝青铜，铝黄铜等
无机酸软钎剂	磷酸 FS321	$w(H_3PO_4)=40\sim60$，水为60~40	—	无机酸钎剂有磷酸，盐酸和氢氟酸等，通常以水溶液或酒精溶液形式使用，也可与凡士林等配成膏状使用磷酸使用起来方便，安全，具有较强的去除氧化物能力，钎焊铝青铜，不锈钢等合金时最有效，也是最常用的无机酸钎剂，盐酸，氢氟酸能强烈腐蚀金属，析出有害气体，故很少单独使用，一般仅作为钎剂的添加成分

类别	钎剂名称（或型号）	化学成分（质量分数）/（%）	钎焊温度/℃	性能
水溶性有机软钎剂	FS213	乳酸为15，水为85（活性温度为180~280℃）盐酸肼为5，水为95（活性温度为150~330℃）	—	水溶性有机软钎剂的组成物质包括有机酸（如乳酸、水杨酸、柠檬酸等）、有机胺和酰胺类（如乙二胺、乙醇胺等）、胺基盐酸盐（盐酸乙二胺等）、醇类（如乙二醇、丙三醇等）和水溶性树脂及其他一些附加成分等，有机酸和有机胺盐类有机软钎剂有较强的去除氧化物的能力，热稳定性较好，残渣有一定的腐蚀性，属弱腐蚀性钎剂，主要用于电气零件的钎焊
松香类有机钎剂	松香 FS111A FS111B	松香为100或25，酒精为75	150~300	松香是一种天然树脂，能溶于酒精、甘油、丙酮、苯等，而不溶于水，在温度高于150℃时能溶解银、铜、锡等的氧化物，适用于铜、锡、镉、银的钎焊
	FS113A	松香为30，水杨酸为2.8，三乙醇胺为1.4，酒精余量	150~300	适用于铜及铜合金的焊接
	RJ12	松香为30，氯化锌为3，氯化铵为1，酒精为66	290~360	
	FS112A	松香为24，三乙醇胺为2，盐酸二乙胺为4，酒精为70	200~350	适用于铜、铜合金、镀锌铁及镍等的钎焊

表2—13　　常用硬钎剂的成分、特点及用途

牌号	化学成分（质量分数）/（%）	熔点/℃	钎焊温度/℃	特点及用途
YJ—1	硼砂为100	741	850~1 150	为得到合适的熔点，增强去除氧化物的能力，而由添加的硼砂或碱金属或碱土金属的氟化物，氟硼酸盐等组成，硼砂或硼酸的混合物主要用于铜基钎料钎焊铜及铜合金，碳素钢等
YJ—2	硼砂为25，硼酸为75	766		
YJ—6	硼酸为80，CuF_2为5	—	650~850	
YJ—7	硼砂为50，硼酸为35，KF为15	—		
QJI01	$w(H_3BO_3)=30\sim32$，$w(KBF_4)=68\sim70$	500	550~850	用作银基钎料钎焊铜及合金，合金钢，不锈钢和高温合金等的钎料，能有效地清除各种氧化物，促进钎料漫流，但易吸潮。
QJI02	$w(KF)$（脱水）$=40\sim44$，$w(B_2O_3)$（硼酐）$=33\sim37$，$w(KBF_4)=21\sim25$	550	600~850	钎焊后用质量分数为15%的柠檬酸水溶液刷洗钎焊的接头处，以防止残余钎剂的腐蚀
QJI03	$w(KBF_4)>95$，$w(K_2CO_3)<5$	530	550~750	用于银基钎料炉中钎焊铜及铜合金，合金钢等，能有效地清除各种金属氧化物，促进钎料漫流，易吸潮
QJI04	$w(Na_2B_4O_7)=49\sim51$，$w(Na_2BO_3)=34\sim36$，$w(KF)=14\sim16$	650	650~850	

牌号	化学成分(质量分数)/(%)	熔点/℃	钎焊温度/℃	特点及用途
201 (苏联)	w(H$_3$BO$_3$)=80, w(Na$_2$B$_4$O$_7$)=14.5, w(CaF$_2$)=5.5	—	850~1150	用于银基钎料钎焊合金钢、高温合金等
284 (苏联)	w(KF)(脱水)=35, w(KBF$_4$)=42, w(B$_2$O$_3$)=23	—	500~850	用于银基钎料钎焊铜及铜合金、合金钢、不锈钢和高温合金等
FB101	硼酸为30, 氟硼酸钾为70		550~850	银钎料钎剂
FB102	无水氟化钾为40, 氟硼酸钾为25, 硼酐为35		600~850	应用最广泛的银钎料钎剂
FB103	氟硼酸钾>95, 碳酸钾<5		550~750	用于银铜镉钎料
FB104	硼砂为50, 硼酸为35, 氟化钾为15		650~850	用于银基钎料炉中钎焊

二、钎焊材料的选择

钎料的选用应从使用要求、钎料与母材的相互匹配以及经济角度等方面进行全面考虑。

从使用要求出发，对钎焊接头强度要求不高和工作温度要求不高的，可用软钎焊。

对在低温下工作的接头，应使用含锡量低的钎料。要求高温强度和抗氧化性好的接头宜用镍基钎料。

对要求耐腐蚀性好的铝钎焊接头，应采用铝硅钎料钎焊，铝的软钎焊接头应采用保护措施。用 Sn92AgSbCu 和 Sn84.5AgSb 钎料钎焊的铜接头的耐腐蚀性比用 AgPb97 钎料钎焊得好，前者可用于在较高温度和高温强度条件下工作的焊件。

对要求导电性好的电气零件，应选用含锡量高的 SnPb 钎料或含银量高的银基钎料，真空密封接头应采用真空级钎料。

选择钎料时，应考虑钎料与母材的相互作用。铜磷钎料不能钎焊钢和镍，因为会在界面生成极脆的磷化物相。用镉基钎料钎焊铜时，很容易在界面形成脆性的铜镉化合物而使接头变脆。用镍基钎料 BNi-1 钎焊不锈钢薄件时，因有溶穿倾向而不予推荐。

选择钎料时，还应考虑钎焊加热温度的影响。如对于已进行调质处理的 2Cr13 钢焊件，可选用钎料 B40AgCuZnCd，使其钎焊温度低于 700℃，以免焊件发生退火。对于冷作硬化铜材，为了防止母材钎焊后软化，应选用钎焊温度不超过 300℃ 的钎料。

钎焊加热方法对钎料的选择也有一定影响。炉中钎焊时，不宜选用含易挥发元素（如含 Zn、Cd 等）的钎料。真空钎焊要求钎料不含高蒸气压元素。

此外，从经济观点出发，应选用价格低廉的钎料。例如，制冷机中铜管的钎焊使用银基钎料固然质量很好，但是用铜磷银或铜磷锡钎料钎焊的接头也不错，后者的价格要比前者便宜得多。

钎焊时常用金属材料选用的钎料和钎剂见表 2—14，供选用时参考。

表 2—14   钎焊时常用金属材料选用的钎料和钎剂

母材	钎料	钎剂
碳钢	黄铜钎料（如 HL101 等） 银钎料（如 HL303 等） 锡铅钎料（如 HL603 等）	硼砂、硼砂和硼酸 氟硼酸钾和硼酐（如 QJ102 等） 氯化锌、氯化铵溶液
不锈钢	黄铜钎料（如 HL101 等） 银钎料（如 HL312 等） 锡铅钎料（如 HL603 等）	硼砂和氟化钙（如 200#等） 氟硼酸钾和硼酐（如 QJ102 等） 氯化锌和盐酸溶液
铸铁	黄铜钎料（如 HS221 等） 银钎料 锡铅钎料	硼砂、硼砂和硼酸 氟硼酸钾和硼酐（如 QJ102 等） 氯化锌、氯化铵溶液
硬质合金	黄铜钎料（如 HL105 等） 银钎料（如 HL315 等）	硼砂、硼酐 氟硼酸钾和硼酐（如 QJ102 等）
铝及铝合金	铝基钎料（如 HL401 等） 锌锡钎料（如 HL501 等）	氯化物和氟化物（如 QJ201 等） 氯化锌、氯化亚锡（如 QJ203 等）
铜及铜合金	铜磷钎料（如 HL201 等） 黄铜钎料（如 HL103 等） 银钎料（如 HL303 等） 锡铅钎料	钎焊铜不用钎剂，钎焊铜合金用 QJ102 等 硼砂、硼酸 氟硼酸钾和硼酐 松香、酒精、氯化锌溶液

第三章　钎焊安全基础知识

第一节　概　　述

在现代钎焊技术中，利用化学能转变为热能和利用电能转变为热能来加热金属的方法已得到了普遍的应用。但是在焊接操作中，一旦对它们失去控制，就会酿成灾害。目前，广泛应用于生产中的各种钎焊方法在操作过程中都存在某些有害因素。按有害因素的性质不同，可分为化学因素——焊接烟尘、有毒气体；物理因素——弧光、高频电磁辐射、射线、噪声、热辐射等。

一、钎焊发生工伤事故的主要类别

在钎焊操作过程中发生的工伤事故主要有以下几类：

1. 火灾和爆炸

操作者经常需要与可燃、易爆危险物品接触，如乙炔、电石、液化石油气、压缩纯氧等。在进行钎焊操作时，首先会接触到油蒸气、煤气、氢气及其他可燃气体和蒸气；其次是需要接触压力容器和燃料容器，如氧气瓶、乙炔发生器、油罐和管道等；最后是在焊接时常采用明火，如火焰钎焊、电弧钎焊、碳弧钎焊等焊接过程中熔渣和火星的四处飞溅等。这就容易构成火灾和爆炸的条件，导致火灾和爆炸事故的发生。

2. 触电

操作者接触电的机会比较多，例如，电弧钎焊更换钨极、碳弧钎焊更换碳棒、操作过程调节焊接电流等带电操作，当绝缘防护不好或违反安全操作规程时，有可能发生触电伤亡事故。

3. 灼烫

在火焰钎焊或电弧钎焊的高温作用下，以及作业环境存在易燃、易爆危险品时，有可能发生灼烫伤亡事故。焊接现场的调查情况表明，灼烫是焊接操作中常见的工伤事故。

4. 急性中毒

钎焊过程会产生一些有害气体，如一氧化碳、氟化氢等气体，氩弧钎焊会产生臭氧、氮氧化物等；焊接有色金属铅时也会产生氧化铅等有毒的金属蒸气。当作业环境狭小时，如在锅炉、船舱或车间矮小而又通风不良的条件下作业，有害气体和金属蒸气的浓度较高，有可能引起急性中毒事故。在检修或焊补装盛有毒物质的容器管道时，也可能发生这类事故。

5. 高处坠落

在高空作业环境下，如高层建筑、桥梁、石油化工设备等的焊接操作中，有可能发生高处坠落伤亡事故。

6. 压伤

电阻钎焊机须固定一人操作，因多人操作配合不当会产生压伤事故。尤其是电阻钎焊机上的脚踏开关、焊机上的电极向下运行，操作人员使用时要尤为注意，违章操作会受到机械气动压力的挤压伤害。退料过程中，若操作不慎会出现被焊件撞伤的事故。

二、钎焊作业的职业危害

不同钎焊工艺方法的有害因素也有所不同。总体来说，钎焊作业的职业危害有以下几个特点：

1. 钎焊劳动卫生的研究对象为多种钎焊方法，其中火焰钎焊、电弧钎焊、碳弧钎焊、浸渍钎焊劳动卫生问题最大，感应钎焊、电阻钎焊的问题较小。

2. 碳弧钎焊、电弧钎焊的主要有害因素是焊接过程中产生的烟尘——焊接烟尘。如果长期在作业空间狭小的环境里操作，而且是在卫生防护不好的条件下，会对焊工的呼吸系统造成损害等。

3. 有毒气体是电弧钎焊、浸渍钎焊、火焰钎焊操作时产生的一种主要有害因素，浓度较高时会引起中毒症状。特别是臭氧和氮氧化物，它们是电弧的光辐射和高温辐射作用于空气中的氧和氮而产生的。

4. 弧光辐射是所有明弧焊共同的有害因素，由此引起的电光性眼病是明弧焊的一种特殊职业病。

弧光辐射还会伤害皮肤，使焊工患皮炎、红斑和小水泡等皮肤疾病。此外，还会损坏棉织纤维。

5. 进行钨极氩弧钎焊时，由于焊机设置有高频振荡器帮助引弧，所以存在的有害因素是高频电磁场辐射。特别是高频振荡器工作时间较长的焊机（如某些企业自制的氩弧钎焊机等），高频电磁场辐射会使焊工患神经系统和血液的疾病。

此外，使用钍钨棒电极时，由于钍是放射性物质，所以存在有害放射线（α射线、β射线和γ射线）。在储存钍钨棒的场所和用于磨尖钍钨棒的砂轮机周围，有可能造成放射性危害。

6. 有色金属钎焊时的主要有害因素是熔融金属蒸发于空气中形成的金属氧化物烟尘（如氧化锌、氧化铅等）和来自焊剂的毒性气体。

各种钎焊工艺方法在作业过程中，除了主要有害因素外，还会有上述若干其他有害因素同时存在。必须指出，同时有几种有害因素存在，比起只有单一有害因素时，其对人体的毒性作用会倍增。这是对某些看来并不超过卫生标准规定的有害因素也应当采取必要的卫生防护措施的缘故。

三、钎焊作业人员安全培训与考核的重要性

通过对钎焊方法常用能源的危险性以及焊接职业危害的讨论，可以清楚地了解到钎焊发生的工伤事故（如爆炸、火灾等）不仅会伤害焊工本人，而且还会危及在场的其他生产人员的安全，同时会使国家财产蒙受巨大损失，也会严重影响生产的顺利进行。同样，钎焊操作过程产生的各种有害气体，如焊接烟尘、有毒气体等，不仅会使焊工本人受害，作业点周围的其他生产人员也会受到危害，甚至也会得职业病。

因此，钎焊作业属于特种作业（即对操作者本人，尤其对他人和

周围设施的安全有重大危险有害因素的作业）的范畴，直接从事钎焊作业的工人属特种作业人员。国家要求对特种作业人员的安全技术培训及安全技术考核进行严格的管理。

1. 钎焊作业人员在独立上岗前，必须经过国家规定的专门的安全技术理论和实际操作培训、考核。考核合格取得相应操作证者，方准独立作业；做到持证上岗，严禁无证操作。

2. 安全技术培训应实行理论与实际操作技能训练相结合的原则，重点提高作业人员安全技术知识、安全操作技能和预防各类事故的实际能力。

钎焊作业人员考核包括安全技术考核与实际操作技能考核两部分。经考核成绩合格后，方具备发证资格。凡属新培训的特种作业人员经考核合格后，一律领取国家安全生产监督管理总局统一制发的特种作业操作证（IC 卡）。

3. 钎焊作业人员变动工作单位，由所在单位收缴其操作证，并报发证部门注销。离开钎焊作业岗位 1 年以上的人员，须重新进行安全技术考核，合格者方可从事原作业。特种作业人员操作证不得伪造、涂改和转借。钎焊作业人员违章作业，应视其情节，给予批评教育或吊扣、吊销其操作证，造成严重后果的，应按有关法规进行处罚。

特种作业人员通过安全技术培训及安全技术考核，了解和掌握焊接安全技术理论知识，熟知在焊接过程中可能发生不幸事故和职业危害的原因，从而能够采取有效的安全防护措施，这是十分重要的。

第二节　钎焊作业安全用电

在进行电弧钎焊、碳弧钎焊、电阻钎焊操作时，接触电的机会较多，在整个工作过程中需要经常接触电气装置，焊工的手经常会直接触及电极，有时还要站在焊件上操作。这样，电就在手上、身边和脚下。如果没有良好的安全操作习惯，稍有不慎，就可能造成触电事故。

一、电流对人体的伤害形式

电流对人体的伤害有三种形式，即电击、电伤和电磁场生理伤害。

1. 电击

电击是指电流通过人体内部，破坏人的心脏、肺及神经系统的正常功能所造成的伤害。

2. 电伤

电伤是指电流的热效应、化学效应或机械效应对人体的伤害，主要是指电弧烧伤、熔化金属溅出烫伤等。

3. 电磁场生理伤害

电磁场生理伤害是指在高频电磁场的作用下，使人出现头晕、乏力、记忆力减退、失眠、多梦等神经系统的症状。

通常所说的触电事故基本上是指电击，绝大多数触电死亡主要是由电击造成的。

二、影响电击严重程度的因素

在 1 000 V 以下的低压系统中，电流会引起人的心室颤动而导致触电死亡。心脏好比是一个促使血液循环的泵，当外来电流通过心脏时，原有的正常工作受到破坏，由正常跳动变为每分钟数百次以上细微的颤动。这种细微颤动足以使心脏不能再压送血液，导致血液终止循环，大脑缺氧发生窒息死亡。

焊接作业中触电事故的危险程度与通过人体的电流大小、持续作用时间、途径、频率及人体的健康状况等因素有关。

1. 触电的危险程度主要取决于触电时流经人体电流的大小。根据试验研究，人体在触及工频（50 Hz）交流电后能自主摆脱电源的最大电流约为 10 mA。这时人体有麻痹的感觉。若达 20～25 mA 则会出现麻痹和剧痛、呼吸困难，随着人体电流的增加，致死的时间就会缩短。

夏季人体多汗、皮肤潮湿，或沾有水、皮肤有损伤和导电粉尘时，人体电阻值（1 000 Ω 以上）均会降低，因此极易发生触电伤亡事故。超过人体的摆脱电流就不能自主地摆脱电源，在无救援的情况下，也会立即造成死亡，国内发生过 36 V 电压电击致人死亡的事故。所以，在多汗、潮湿、狭小空间内更要重视用电安全，采取针对性安全措施，预防焊接触电事故发生。

2. 电流流经人体持续时间越长，对人体的危害就越大。因此发生触电事故时，应立即使触电者迅速与带电体脱离。

3. 电流通过人体的心肌、肺部和中枢神经系统的危险性大，从手到脚的电流途径最为危险，因为沿这条途径首先有较多的电流通过心脏、肺部和脊髓等重要器官；其次是从一只手到另一只手的电流途径；最后是从一只脚到另一只脚的电流途径，这种情况还容易因剧烈痉挛而摔倒，导致电流通过全身或出现摔伤、坠落等严重的二次事故。

4. 直流电流、高频电流和冲击电流对人体都有伤害作用，直流电的危险性相对小于交流电。然而，通常电气设备都采用工频（50 Hz）交流电，这对人来说是最危险的频率。

5. 人体的健康状况对触电的危险性有很大影响。凡患有心脏病、肺病和神经系统等疾病，触电会产生极大的危险性。

三、人体触电方式

按照人体触及带电体的方式和电流通过人体的途径，电击可以分为下列几种情况：

1. 低压单相触电

低压单相触电是指人体在地面或其他接地导体上，人体的某一部位触及一相带电体的触电事故。大部分触电事故都是单相触电事故。

2. 低压两相触电

低压两相触电是指人体两处同时触及两相带电体的触电事故。这时由于人体受到的电压可高达 220 V 或 360 V，所以危险性很大。

3. 跨步电压触电

当带电体接地有电流流入地下时，电流在接地点周围土壤中产生电压降，人在接地点周围，两脚之间出现的电压即跨步电压。由此引起的触电事故称为跨步电压触电。高压故障接地处或有大电流流过的接地装置附近都可能出现较高的跨步电压。

4. 高压电击

对于 1 000 V 以上的高压电气设备，当人体过分接近它时，高压电能将空气击穿使电流通过人体，此时还伴有高温电弧，能把人烧伤。

四、安全电压

通过人体的电流越大，致命危险越大，持续时间越长，死亡的可能性越大。能引起人感觉到的最小电流值称为感知电流，交流为 1 mA，直流为 5 mA；人触电后能自己摆脱的最大电流称为摆脱电流，交流为 10 mA，直流为 50 mA；在较短的时间内危及生命的电流称为致命电流，交流为 50 mA。在有防止触电保护装置的情况下，人体允许通过的电流一般可按 30 mA 考虑。

通过人体的电流大小取决于外加电压的高低和人体电阻的大小，在一般情况下人体电阻可按 1 000~1 500 Ω 考虑，在不利的情况下人体电阻会降低到 500~650 Ω。不利的情况是指皮肤出汗、身上带有导电性粉尘、加大与带电体的接触面积和压力等，这些都会降低人体电阻。通常流经人体的电流大小是不可能事先计算出来的，因此，在确定安全条件时一般不计安全电流而用安全电压表示，这个安全电压数值与工作环境有关，由于在不同环境条件下人体电阻相差很大，而电对人体的作用是以电流大小来衡量的，所以不同环境条件下的安全电压各不相同。

对于触电危险性较大但比较干燥的环境（如在锅炉里焊接，四周都是金属），人体电阻可按 1 000~1 500 Ω 考虑，流经人体的允许电流可按 30 mA 考虑，则安全电压 $U = 30 \times 10^{-3} \times$（1 000~1 500）= 30~45 V，我国规定为 36 V。凡危险及特别危险环境里的局部照明行灯、危险环境里的手提灯、危险及特别危险环境里的携带式电动工具，均应采用 36 V 安全电压。

对于触电危险性较大而又潮湿的环境（如阴雨天在金属容器里进行焊接），人体电阻应按 650 Ω 考虑，则安全电压 $U = 30 \times 10^{-3} \times$ 650 = 19.5 V，我国规定在潮湿、窄小而触电危险性较大的环境中安全电压为 12 V。凡特别危险环境里以及在金属容器、矿井、隧道里的手提灯，均应采用 12 V 安全电压。

对于在水下或其他由于触电会导致严重二次事故的环境，流经人体的电流应按不引起强烈痉挛的 5 mA 考虑，则安全电压 $U = 5 \times 10^{-3} \times 650 = 3.25$ V。我国尚无规定，国际电工标准会议规定为 2.5 V 以下。安全电压能限制触电时通过人体的电流在较小的范围内，从而在一定程度上保障人身安全。

五、钎焊作业发生触电事故的原因及防范措施

1. 发生触电的危险因素

（1）钎焊作业场所如果存在高压或低压电网、裸导线等；阴雨天或潮湿环境下操作等，人体电阻显著降低，均会增加触电的危险性。

（2）焊接电源是与 220 V/380 V 电力网路连接的，人体一旦接触这部分电气线路（如焊机的插座、开关或破损的电源线等）就很难摆脱。

（3）一方面，焊机的空载电压大多超过安全电压，但由于电压不是很高，使人容易忽视；另一方面，由于焊工在操作中与这部分电气线路接触的机会较多（如电极或焊枪、焊件、工作台和电缆等），因此，它是焊接触电伤亡事故的主要危险因素。为了说明其危险性，下面以碳弧钎焊操作时用的焊机空载电压（70 V 左右）进行分析。在更换碳棒时，如果焊工的手触及焊钳口，则通过一只手和两只脚形成一个回路。假如焊工的手与焊钳口接触良好（接触面积大，手抓得紧），人体电阻 R_r 约为 1 000 Ω，此时通过人体的电流 I_r 为：

$$I_r = U/R_r = 70/1\ 000 = 0.07\ A = 70\ mA$$

但是一般情况下电流达不到这个值，因为焊工的手不可能抓得很紧并达到大面积接触，而且还要加上鞋袜的接地电阻。如果是模压底干燥安全鞋，电阻可达 10 000 Ω，两只鞋平行，并联电阻为 5 000 Ω，加上人体电阻 1 000 Ω，则通过人体的电流为：

$$I_r = U/R_r = 70/6\ 000 \approx 0.012\ A = 12\ mA$$

这时焊工手部会感到轻度抽搐，但能够扔掉焊钳。

焊接触电伤亡事故大多发生于下列不利情况：夏天身上出汗或在潮湿地操作、鞋袜潮湿、鞋底薄等。此时的电阻由 6 000 Ω（干燥环境）将降为 1 600 Ω 左右，焊工的手一旦接触焊钳口，通过人体的电流则为：

$$I_\mathrm{r} = U/R_\mathrm{r} = 70/1\ 600 \approx 0.044\ \mathrm{A} = 44\ \mathrm{mA}$$

这时焊工的手部会发生痉挛，甚至不能摆脱，这样就会有生命危险。

应当强调指出，登高的焊接作业者还会因触电发生痉挛、麻木和惊慌等，从高处跌落，造成二次事故。

（4）焊机和电缆由于经常超负荷运行，粉尘和酸碱等蒸气的腐蚀，以及室外工作时常受风吹、日晒、雨淋等，绝缘易老化变质，容易出现焊机和电缆的漏电现象，从而发生触电事故。

2．工作环境按触电危险性分类

焊工需要在不同的工作环境中操作，因此应当了解和考虑工作环境，根据潮气、粉尘、腐蚀性气体或蒸气、高温等条件的不同，选用合适的工具和不同电压的照明灯具等，以提高安全可靠性，防止发生触电。按照触电的危险性不同，工作环境可分为以下三类：

（1）普通环境

普通环境的触电危险性较小，一般应具备的条件如下：

1）干燥（相对湿度不超过75%）。

2）无导电粉尘。

3）有木料、沥青或瓷砖等非导电材料铺设的地面。

4）金属物品所占面积与建筑物面积之比小于20%。

（2）危险环境

凡具有下列条件之一者，均属危险环境。

1）潮湿（相对湿度超过75%）。

2）有导电粉尘。

3）用泥、砖、湿木板、钢筋混凝土、金属或其他导电材料制成的地面。

4）金属物品所占面积与建筑物面积之比大于20%。

5）炎热、高温（平均温度经常超过30℃）。

6）人体能够同时接触接地导体和电气设备的金属外壳。

（3）特别危险环境

凡具有下列条件之一者，均属特别危险环境。

1）特别潮湿（相对湿度接近100%）。

2）有腐蚀性气体、蒸气、煤气或游离物。

3）同时具有上列危险环境的两个以上条件。

锅炉房、化工厂的大多数车间、机械厂的铸工车间、电镀车间和酸洗车间等，以及在容器、管道内和金属构架上的焊接操作，均属于特别危险环境。

3. 焊接发生触电事故的原因

触电是各种焊接工艺（如电弧钎焊、碳弧钎焊、电阻钎焊等）共同的主要危险。焊接时发生触电事故的情况往往比较复杂，可能在室内或室外，在高空或容器、地沟、船舱里，在更换电极、碳棒时或调节焊接电流、转移工作地点时等。但总体来说，焊接的触电事故常发生于下述两种情况：一是触及焊接设备正常运行时的带电体，如接线柱、焊枪或焊钳口等，或者靠近高压电网所发生的电击，即所谓的直接电击；二是触及意外带电体所发生的电击，即所谓的间接电击。意外带电体是指正常情况下不带电，由于绝缘损坏或电气线路发生故障而意外带电的导电体，如漏电的焊机外壳、绝缘外皮破损的电缆等。

（1）焊接发生直接电击事故的原因

1）在焊工操作中，手或身体某部位接触到碳棒、电极、焊枪或焊钳的带电部分，而脚和身体的其余部位对地及金属结构无绝缘防护；在金属容器、管道、锅炉里及金属结构上的焊接，或在阴雨天、潮湿地的焊接比较容易发生这种触电事故。

2）在接线或调节焊接电流时，手或身体某部位碰触接线柱、极板等带电体。

3）登高焊接作业触及低压电网、裸导线，接触或靠近高压网络引起的触电事故等。

（2）焊接发生间接电击事故的原因

1）人体碰触漏电的焊机外壳。

2）弧焊机的一次绕组对二次绕组之间的绝缘损坏时，弧焊机反接或错接在高压电源时，手或身体某部位触及二次回路的裸导体。

3）操作过程中触及绝缘破损的电缆、胶木闸盒破损的接线柱和开关等。

4）由于利用厂房的金属结构、轨道、天车、吊钩或其他金属物体代替焊接电缆而发生的触电事故。

4. 预防触电事故通常采取的措施

为了防止在焊接操作中人体触及带电体，一般可采取绝缘、屏护、间隔、自动断电、保护性接地（接零）和个人防护等安全措施。

（1）绝缘

绝缘是防止触电事故发生的重要措施。但是，绝缘在强电场等因素的作用下会有可能被击穿。除击穿破坏外，由于腐蚀性气体、蒸气、潮气、粉尘的作用和机械损伤，也会降低绝缘的可靠性能或导致绝缘损坏。所以，焊接设备或线路的绝缘必须符合安全规程的要求并与所采用电压等级相配合，必须与周围环境和运行条件相适应。电工绝缘材料的电阻率一般在 $10^9\ \Omega \cdot cm$ 以上。橡胶、胶木、瓷、塑料、布等都是焊接设备和工具常用的绝缘材料。

（2）屏护

屏护是指采用遮栏、护罩、护盖、箱闸等把带电体同外界隔绝开来。对于焊接设备、工具和配电线路的带电部分，如果不便包以绝缘或绝缘不足以保证安全时，可以采用屏护措施。例如，刀开关以及接线柱等一般不能包以绝缘，而需要屏护。

屏护装置不直接与带电体接触，因此，如开关箱、胶木盒等对所用材料的电性能没有严格要求。但是，屏护装置所用材料应当有足够的强度和良好的耐火性能。凡用金属材料制成的屏护装置，为了防止屏护装置意外带电造成触电事故，必须将屏护装置接地或接零。

（3）间隔

间隔就是为了防止人体触及焊机、电线等带电体，或为了避免车辆及其他器具碰撞带电体，或为防止因火灾和各种短路等造成的事故，在带电体和地面之间、带电体与其他设施和设备之间、带电体与带电体之间均需保持一定的安全距离。这在焊接设备和电缆布设等方面都有具体规定。

（4）焊机采用空载自动断电保护装置。

（5）为防止焊工操作时人体接触意外带电体发生事故，焊机外壳必须采取保护性接地或保护性接零等安全措施。

（6）个人防护用品

绝缘鞋、皮手套、干燥的帆布工作服、橡胶绝缘垫等。

六、钎焊设备的安全要求

无论是焊条碳弧钎焊、氩弧钎焊还是电阻钎焊等，在焊接操作中人体不可避免地会碰触到焊接设备，当焊接设备的绝缘损坏时外壳带电，就有发生触电事故的可能。为了保证安全，焊接设备必须采取保护性接地或接零装置。

所有焊接设备的外壳都必须接地。在电网为三相四线制中性点接地的供电系统中，焊机必须装设保护性接零装置；在三相三线制对地绝缘的供电系统中，焊机必须装设保护性接地装置。

1. 焊接设备保护性接地与接零
（1）焊接设备保护性接地

在不接地的低压系统中，当一相与机壳短路而人体触及机壳时，事故电流 I_d 通过人体和电网对地绝缘阻抗 Z 形成回路，如图 3—1 所示。

保护性接地的作用在于用导线将弧焊机外壳与大地连接起来，当外壳漏电时，外壳对地形成一条良好的电流通路，当人体碰到外壳时，相对电压就大大降低，如图 3—2 所示，从而达到防止触电的目的。

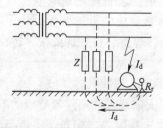
图 3—1　弧焊机不接地的危险性

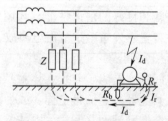
图 3—2　弧焊机保护接地原理图

电源为三相三线制或单相制系统时，弧焊机外壳和二次绕组引出线的一端应设置保护接地线。

接地装置可以广泛应用自然接地极，如与大地有可靠连接的建筑物的金属结构和铺设于地下的金属管道等，但氧气与乙炔等易燃、易爆气体及可燃液体管道严禁作为自然接地极。

（2）焊接设备保护性接零

安全规程规定所有交流、直流焊接设备的外壳都必须接地。电源为三相四线制中性点接地系统中应安设保护接零线。

如果在三相四线制中性点接地供电系统上的焊接设备不采取保护性接零措施，如图3—3所示，当一相带电部分碰触弧焊机外壳，人体触及带电的壳体时，事故电流 I_d 经过人体和变压器工作接地构成回路，对人体构成威胁。

保护性接零装置很简单，它是由一根导线的一端连接焊接设备的金属外壳；另一端接到电网的零线上，其原理如图3—4所示。

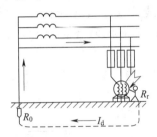 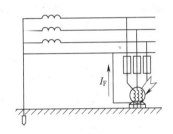

图3—3　弧焊机不接零的危险性　　图3—4　弧焊机保护性接零原理图

保护性接零装置的作用是当一相的带电部分碰触焊机外壳时，通过焊机外壳形成该相对零线的单相短路，强大的短路电流立即促使线路上的保护装置迅速动作（如熔丝熔断），外壳带电现象立刻终止，从而达到人身和设备安全的目的。这种把焊接设备正常时不带电的机壳同电网的零线连接起来的安全装置称为保护性接零装置。

（3）焊接设备接地与接零的安全要求

1）接地电阻。根据有关安全规程的规定，焊机接地装置的接地电阻不得大于4 Ω。

2）接地极。焊机的接地极可采用打入地里深度不小于1 m、接地电阻小于4 Ω的铜棒或无缝钢管。

自然接地极电阻超过4 Ω时，应采用人工接地极；否则，除可能发生触电危险外，还可能引起火灾事故。

3）接地或接零的部位。所有交流、直流弧焊机外壳均必须装设保护性接地或接零装置，弧焊变压器的二次线圈与焊件相接的一端也必须接地（或接零）。当一次线圈与二次线圈的绝缘击穿，高压窜到二次回路时，这种接地（或接零）装置就能保证焊工及其助手的安全。

4）不得同时存在接地或接零装置。必须指出，如果焊机二次线圈的一端接地或接零时，则焊件不应接地或接零；否则，一旦二次回路接触不良，大的焊接电流可能将接地线或接零线熔断，不但使人身安全受到威胁，而且易引起火灾。为此规定：凡是在有接地或接零装置的焊件上（如机床的部件等）进行焊接时，都应将焊件的接地线（或接零线）暂时拆除，焊完后再恢复。在焊接与大地紧密相连的焊件（如自来水管路、房屋的金属立柱等）时，如果焊件的接地电阻小于4 Ω，则应将焊机二次线圈一端的接地线或接零线暂时拆除，焊完后再恢复。总之，变压器二次端与焊件不应同时存在接地或接零装置。

焊机与焊件的正确与错误的保护性接地与接零如图3—5所示。

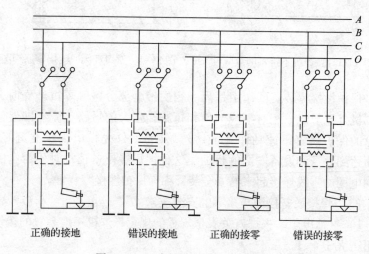

图3—5　正确与错误的接地或接零

5）接地或接零的导线要有足够的截面积。接地线截面积一般为相线截面积的 1/3 ~ 1/2；设计接零线截面积的大小时，应保证其容量（短路电流）大于离焊机最近处的熔断器额定电流的 2.5 倍，或者大于相应的自动开关跳闸电流的 1.2 倍。采用铝线、铜线和钢丝的最小截面积分别不得小于 6 mm^2、4 mm^2、12 mm^2；接地或接零线必须用整根的，中间不得有接头。与焊机及接地体的连接必须牢靠，用螺栓拧紧。在有震动的地方，应当采取弹簧垫圈、防松螺母等防松动措施。固定安装的焊机，上述连接应采用焊接。

6）所有焊接设备的接地（或接零）线都不得串联接入接地体或零线干线。

7）接线顺序。连接接地线或接零线时，应首先将导线的一端接到接地体或零线干线上，然后将另一端接到焊接设备外壳上。拆除接地线或接零线的顺序则恰好与此相反，应先将接地（或接零）线从设备外壳上拆下，然后再解除与接地体或零线干线的连接，不得颠倒顺序。

2. 焊机空载自动断电保护装置

电弧钎焊时，焊工更换电极需要在焊机处于空载电压的条件下进行。这是一项经常性的操作。为避免焊工在更换电极时接触二次回路的带电体造成触电事故，可以安装焊机空载自动断电保护装置，使更换电极的操作在安全的电压下进行，避免触电危险，同时还可节省电力消耗。安全规程规定：焊机一般都应该装设空载自动断电保护装置，还特别规定，凡是在高空、水下、容器管道内或船舱等处进行焊接作业时，焊机必须安装空载自动断电保护装置。

3. 焊机的维护和检修

焊机必须平稳地安放在通风良好、干燥的地方，焊机的工作环境应防止剧烈震动和碰撞。安放于室外的焊机必须有防雨雪的棚罩等防护设施。焊机必须保持清洁，要经常清扫尘埃，避免损坏绝缘。在有腐蚀性气体和导电性尘埃的场所，焊机必须进行隔离维护。受潮的焊机应用人工干燥方法进行维护，受潮严重时必须进行检修。焊机应半年进行一次例行维修和保养，发现绝缘损坏、电刷磨损或损坏等应及时检修。

应当避免和减少焊机的超负荷运行。焊接设备铭牌中都标有"额定负载持续率"和"额定焊接电流"，这是避免焊机超载和安全使用的重要技术数据。负载持续率的计算方法如下：

$$负载持续率 = \frac{在选定的工作时间内焊机负荷的时间}{选定的工作时间周期} \times 100\%$$

我国有关标准规定，对于 500 A 以下的焊机，选定的工作时间周期为 5 min。计算负载持续率时，在实际焊接过程中，每 5 min 内测量出焊机输出焊接电流的时间（即电弧燃烧时间），代入上式即可得出负载持续率。此外，还规定焊条电弧焊焊机的负载持续率为 60%。铭牌上规定的额定电流也是在额定负载持续率负荷状态下使用的焊接电流。

七、钎焊工具的安全要求

1. 焊接电缆的安全要求

焊接电缆是连接焊机和焊钳（或焊枪）、焊件等的绝缘导线，应具备下列安全要求：

（1）应具备良好的导电能力和绝缘外层。一般用纯铜芯线外包胶皮绝缘套制成。绝缘电阻不得小于 1 MΩ。

（2）应轻便、柔软，能任意弯曲和扭转，以便于操作。因此，电缆芯必须用多股细线组成。如果没有电缆，可用相同导电能力的硬导线代替，但在焊钳连接端至少要用长度为 2~3 m 的软线连接，否则不便于操作。

（3）焊接电缆应具有较好的抗机械性损伤能力，耐油、耐热和耐腐蚀等性能，以适应焊接工作的特点。

（4）要有适当的长度。由于连接焊机与配电盘的电源线（一次线或动力线）电压较高，除应保证良好绝缘外，其长度不得超过 2 m。如确需用较长的电源线时，应采取间隔的安全措施，即应离地面2.5 m 以上沿墙用瓷瓶布设，严禁将电源线拖在现场地面上。

焊机与焊钳（或焊枪）和焊件连接导线的长度应根据工作时的具体情况决定。太长会增大电压降，太短则不便于操作，一般以 20~30 m 为宜。

（5）要有适当的截面积。焊接电缆的截面积应根据焊接电流的大小按规定选用，以保证导线不至于过热而损坏绝缘层。焊接电缆的过度超载是绝缘损坏的重要原因之一。焊接电缆截面积与最大焊接电流和电缆长度的关系见表 3—1。

表 3—1   焊接电缆截面积与最大焊接电流和电缆长度的关系

电缆长度/m 导线截面积/mm² 最大焊接电流/A	15	30	45
200	30	50	60
300	50	60	80
400	50	80	100
600	60	100	—

（6）焊接电缆中间不应有接头。如需用短线接长时，则接头应不超过两个。接头应采用铜材料做成，并须连接牢固、可靠，保证绝缘良好。

（7）严禁利用厂房的金属结构、管道、轨道或其他金属构件搭接起来作为导线使用。

（8）不得将焊接电缆放在电弧附近或炽热的焊缝金属旁，以避免高温烧坏绝缘层。焊接电缆横穿道路或马路时，应加保护套或进行遮盖，以避免碾压、磨损等。

（9）焊接电缆的绝缘应定期进行检验，一般为每半年检查一次。

2. 焊钳和焊枪的安全要求

焊钳和焊枪是碳弧钎焊、电弧钎焊的主要工具。它与焊工操作的安全有直接关系，必须符合下列安全要求：

（1）焊钳和焊枪与电缆的连接必须简便、牢靠，接触良好；否则，长时间通过大电流，连接处易产生高热。连接处不得外露，应有屏护装置或将电缆的部分长度伸入握柄内部，以防触电。

（2）有良好的绝缘性能和隔热能力。由于电阻热往往使焊把发热烫手，因此握柄要有良好的绝热层。电弧钎焊的焊枪头应用隔热材料包覆保护。焊钳由夹碳棒处至握柄连接处止，间距为 152 mm。

（3）结构轻便，易于操作。碳弧钎焊的焊钳质量应不超过 600 g。

（4）电弧钎焊的焊枪应保证水冷系统密封，不漏气、不漏水。

（5）碳弧钎焊的焊钳应保证在任何斜度下都能夹紧碳棒，而且更换碳棒方便，能使焊工不必接触带电部分即可迅速更换碳棒。

八、触电急救

从事电焊操作的人员，有必要进行对触电者进行抢救的基本方法的教育和训练。运用有效的紧急抢救措施，有可能把焊工从遭受致命电击的死亡边缘上抢救回来。

焊工在地面、水下和登高作业时，可能发生低压（1 000 V 以下）和高压（1 000 V 以上）的触电事故。触电者的生命能否得救，在绝大多数情况下取决于能否迅速脱离电源和救护是否得法。下面着重讨论触电急救的要领。

1. 解脱电源

触电事故发生后，严重电击引起的肌肉痉挛有可能使触电者从线路或带电的设备上摔下来，但有时可能"冻结"在带电体上，电流则不断通过人体。为抢救后一种触电者，迅速解脱电源是首要措施。

（1）低压触电事故

1）电源开关或插座在触电地点附近时，可立即拉开开关或拔出插头，断开电源。但必须注意，拉线开关和平开开关只能断开一根线，此时有可能因没有切断相线，而不能断开电源。

2）如果电源开关或插座在远处，可用有绝缘柄的电工钳等工具切断电线（断开电源），或用干木板等绝缘物插入触电者身下，以隔断电流。

3）如果电线搭落在触电者身上或被压在身下，可用干燥的绳索、木棒等绝缘物作为工具，拉开触电者或拨开电线，使触电者脱离电源。

4）如果触电者的衣服是干燥的，又没有紧缠在身上，可以用一只手抓住触电者的衣服，使其脱离电源。但因触电者的身体是带电的，鞋的绝缘也可能遭到破坏，救护人不得接触触电者的皮肤，也不能抓他的鞋。

（2）高压触电事故

1）立即通知有关部门停电。

2）带上绝缘手套，穿上绝缘靴，采用相应电压等级的绝缘工具拉开开关或切断电线。

3）采用抛、掷、搭、挂裸金属线使线路短路接地，迫使保护装置动作，断开电源。但必须注意，金属线的一端应先可靠接地，然后抛掷另一端。抛掷的另一端不可触及触电者和其他人。

（3）注意事项

上述使触电者脱离电源的方法，应根据具体情况，以迅速且安全可靠为原则来选择采用，同时要遵循以下注意事项。

1）防止触电者脱离电源后可能的摔伤，特别是触电者在登高作业的情况下，应考虑防摔措施。即使在平地，也要考虑触电者倒下的方向，防止摔伤。

2）夜间发生触电事故时，应迅速解决照明问题，以利于抢救，并避免扩大事故。

3）救护人在任何情况下都不可直接用手或其他金属或潮湿的物件作为救护工具，而必须使用适当的绝缘工具。救护人最好用一只手操作，以防自己触电。

2. 救治方法

触电急救最主要的、有效的方法是人工氧合，它包括人工呼吸和心脏挤压（即胸外心脏按压）两种方法。

（1）人工呼吸法

人工呼吸法是在触电者伤势严重，呼吸停止时应用的急救方法。各种人工呼吸法中，以口对口（鼻）人工呼吸法效果最好，而且简单易学，容易掌握。其操作要领如下。

1）使触电者仰卧，将其头部侧向一边，张开触电者的嘴，清除口中的血块、假牙、呕吐物等异物；解开衣领使其呼吸道畅通；然后使头部尽量后仰，鼻孔朝天，下颚尖部与前胸部大致保持在一条水平线上。

2）使触电者鼻孔紧闭，救护人深吸一口气后紧贴触电者的口向内吹气，为时约 2 s。

3）吹气完毕，立即离开触电者的口并松开触电者的鼻孔，让其自行呼气，为时约 3 s。如此反复进行。

（2）心脏挤压法

如果触电者呼吸没停而心脏跳动停止了，则应当进行胸外心脏挤压。应使触电者仰卧在比较坚实的地或木板上，与上述人工呼吸法的姿势相同，操作方法如下。

1）救护人跪在触电者腰部一侧或骑跪在其身上，两手相叠。手掌根部放在离心窝稍高一点的地方，即两乳头间稍下一点，胸骨下三分之一处。

2）掌根用力向下（脊背方向）挤压，压出心脏里面的血液。对成年人以压陷 3～4 mm、每秒钟挤压一次、每分钟挤压 60 次为宜。

3）挤压后掌根迅速全部放松，让触电者胸廓自动复原，血液充满心脏，放松时掌根不必完全离开胸廓。如此反复进行。

触电急救工作贵在坚持不懈，切不可轻率中止。急救过程中，如果触电者身上出现尸斑或僵冷，经医生作出无法救活的诊断后，方可停止人工氧合。

第三节　钎焊防火防爆

钎焊操作时常与可燃易爆物质和压力容器接触，同时又使用明火，存在发生火灾和爆炸的危险性。这类事故不仅炸毁设备、容易造成重大伤亡事故，有时甚至引起厂房倒塌，影响生产的顺利进行，使国家经济上遭受重大损失。因此，预防钎焊作业发生的火灾和爆炸事故，对保护人身安全和国家财产具有重要意义。

一、燃烧与火灾

1. 燃烧

燃烧是一种放热发光的氧化反应，如：

$$2H_2 + O_2 \xrightarrow{\text{燃烧}} 2H_2O + Q\text{（热量）}$$

最初，氧化被认为仅是氧气与物质的化合，但现在则被理解为：凡是可使被氧化物质失去电子的反应，都属于氧化反应，例如，氯和氢的化合，氯从氢中取得一个电子，因此，氯在这种情况下即为氧化剂。

$$H_2 + Cl_2 \xrightarrow{\text{燃烧}} 2HCl + Q（热量）$$

这就是说，氢被氯所氧化，并释放出热量和呈现出火焰，此时虽然没有氧气参与反应，但发生了燃烧。又如铁能在硫中燃烧，铜能在氯中燃烧等。然而，物质和空气中的氧所起的反应毕竟是最普遍的，是火灾和爆炸事故最主要的原因。

2. 火灾

在生产过程中，凡是超出有效范围的燃烧都称为火灾。例如，火焰钎焊或烧火做饭时，将周围的可燃物（油棉丝、汽油、木材等）引燃，进而燃毁设备、家具和建筑物，烧伤人员等，这就超出了火焰钎焊和做饭的有效范围。在消防部门有火灾和火警之分，其共同点都是超出了有效范围的燃烧，不同点是火灾系指造成人身和财产的一定损失，否则称为火警。

二、燃烧的类型

燃烧可分为自燃、闪燃和着火等类型，每一种类型的燃烧都有其各自的特点。研究防火技术，就必须具体地分析每一类型燃烧发生的特殊原因，这样才能有针对性地采取有效的防火与灭火措施。

1. 自燃

可燃物质受热升温而不需明火作用就能自行着火的现象称为自然。引起自燃的最低温度称为自燃点，例如，煤的自燃点为320℃，氨为780℃。自燃点越低，则火灾危险性越大。

根据促使可燃物质升温的热量来源不同，自燃可分为受热自燃和本身自燃。

（1）受热自燃

可燃物质由于外界加热，温度升高至自燃点而发生自行燃烧的现象，称为受热自燃。例如，火焰隔锅加热引起锅里油的自燃。

（2）本身自燃

可燃物质由于本身的化学反应、物理或生物作用等所产生的热量，使温度升高至自燃点而发生自行燃烧的现象，称为本身自燃。本身自燃与受热自燃的区别在于热的来源不同，受热自燃的热来自外部加热，而本身自燃的热是来自可燃物质本身化学或物理的热效应，所以也称为自热自燃。

由于可燃物质的本身自燃不需要外来热源，所以在常温下甚至在低温下也能发生自燃。因此，能够发生本身自然的可燃物质比其他可燃物质的火灾危险性更大。

在一般情况下，本身自燃的起火特点是从可燃物质的内部向外炭化、延烧，而受热自燃往往是从外向内延烧。

能够发生本身自燃的物质主要有油脂、煤、硫化铁和植物产品等。

2. 闪燃

燃性液体的温度越高，蒸发出的蒸气也越多。当温度不高时，液面上少量的可燃蒸气与空气混合后，遇着火源而发生一闪即灭（延续时间少于 5 s）的燃烧现象，称为闪燃。

燃性液体蒸发出的可燃蒸气足以与空气构成一种混合物，并在与火源接触时发生闪燃的最低温度，称为该燃性液体的闪点。闪点越低，则火灾危险性越大，如乙醚的闪点为 -45℃，煤油为 28～45℃。这说明乙醚比煤油的火灾危险性大，并且还表明乙醚具有低温火灾危险性。

3. 着火

可燃物质在某一点被着火源引燃后，若该点上燃烧所放出的热量，足以把邻近的可燃物层提高到燃烧所必需的温度，火焰就蔓延开。因此，所谓着火是可燃物质与火源接触而燃烧，并且在火源移去后仍能保持继续燃烧的现象。可燃物质发生着火的最低温度称为着火点或燃点，例如，木材的着火点为 295℃，纸张为 130℃等。

可燃液体的闪点与燃点的区别是，在燃点时，燃烧的不仅是蒸气，而且是液体（即液体已达到燃烧温度，可提供保持稳定燃烧的蒸气）；在闪点时，移去火源后闪燃即熄灭，而在燃点时则能连续维持燃烧。

控制可燃物质的温度在燃点以下，是预防发生火灾的措施之一。在火场上，如果有两种燃点不同的物质处在相同的条件下，受到火源作用时，燃点低的物质首先着火。所以，存放燃点低的物质方向通常是火势蔓延的主要方向。用冷却法灭火，其原理就是将燃烧物质的温度降低到燃点以下，使燃烧停止。

三、爆炸及其种类

爆炸是一种什么现象呢？例如，在火焰钎焊操作中一旦乙炔罐发生爆炸时，人们会忽然听到一声巨响，会看到炸坏的罐体带着高温爆炸气体、火光和浓烟腾空而起。如爆炸发生于室内还会有建筑物的破片向四处飞去……由于爆炸事故是在意想不到的时候突然发生的，因此，人们往往认为爆炸是难以预防的，甚至会产生一种侥幸心理。实际上，只要认真研究爆炸过程及其规律，采取有效防护措施，那么，生产和生活中的这类事故是可以预防的。

1. 爆炸现象

广义地说，爆炸是物质在瞬间以机械功的形式释放出大量气体和能量的现象。爆炸发生时的主要特征是压力的急骤升高和巨大声响。

上述所谓"瞬间"就是说，爆炸的发生是在极短的时间内，例如，乙炔罐里的乙炔与氧气混合气发生爆炸时，是在大约 1/100 s 内完成下列化学反应的：

$$2C_2H_2 + 5O_2 = 4CO_2 + 2H_2O + Q$$

同时释放出大量热量和二氧化碳、水蒸气等气体，能使罐内压力升高 10~13 倍，其爆炸威力可以使罐体上升 20~30 m。

爆炸克服地心引力将重物移动一段距离，即具有机械功。

2. 爆炸的分类

爆炸可分为物理性爆炸和化学性爆炸两类。

（1）物理性爆炸

物理性爆炸是由物理变化（温度、体积和压力等因素）引起的。物理性爆炸的前后，爆炸物质的性质及化学成分均不改变。

物理性爆炸是蒸气和气体膨胀力作用的瞬时表现，它们的破坏性取决于蒸气或气体的压力。氧气钢瓶受热升温，引起气体压力增高，当压力超过钢瓶的极限强度时发生的爆炸，就是物理性爆炸。

（2）化学性爆炸

化学性爆炸是物质在短时间内完成化学变化，形成其他物质，同时产生大量气体和能量的现象。例如，用来制作炸药的硝化棉在爆炸时放出大量热量，同时生成大量气体（CO_2、H_2和水蒸气等），爆炸时的体积会突然增大47万倍，燃烧在几万分之一秒内完成。

在焊接操作中经常遇到的可燃物质与空气混合物的燃烧爆炸，这类物质一般称为可燃性混合物，例如，一氧化碳与空气的混合物，具有发生化学性爆炸的危险性，其反应式为：

$$2CO + O_2 + 3.76N_2 = 2CO_2 + 3.76N_2 + Q$$

通常称可燃性混合物为有爆炸危险的物质，因为它们只是在适当的条件下，才变为危险的物质，这些条件包括可燃物质的含量、氧化剂含量以及点火能源等。

四、爆炸极限

1. 定义

可燃物质（可燃气体、蒸气和粉尘）与空气（或氧气）必须在一定的浓度范围内均匀混合，形成预混气，遇着火源才会发生爆炸，这个浓度范围称为爆炸极限（或爆炸浓度极限）。例如，氢与空气混合物的爆炸极限为4%~75%，乙炔与空气混合物的爆炸极限为2.2%~81%等。

可燃物质的爆炸极限受诸多因素的影响。温度越高、压力越大、氧含量越高、火源能量越大，可燃气体的爆炸极限变宽。

2. 单位

可燃气体和蒸气爆炸极限的单位，是以可燃气体和蒸气在混合物中所占体积的百分比（%）即体积分数来表示的。

例如，由一氧化碳与空气构成的混合物，在火源作用下的燃爆情况见表3—2。

表3—2　　　　CO混合物在火源作用下的燃爆情况

CO在混合气中所占体积/（%）	燃爆情况
小于12.5	不燃不爆
12.5	轻度燃爆
大于12.5小于29	燃爆逐渐加强

续表

CO 在混合气中所占体积/（%）	燃爆情况
等于 29	燃爆最强烈
大于 29 小于 80	燃爆逐渐减弱
80	轻度燃爆
大于 80	不燃不爆

从上面所列的混合比例及其相对应的燃爆情况，清楚地说明可燃性混合物有一个发生燃烧和爆炸的浓度范围，如一氧化碳与空气混合物的爆炸极限为 12.5% ~ 80%。这两者有时也称为着火下限和着火上限，在低于爆炸下限和高于爆炸上限浓度时，可燃性混合物不爆炸，也不着火。混合物中的可燃物只在这两个浓度界限之间，遇着火源，才会有燃爆危险。

应当指出，可燃性混合物的浓度高于爆炸上限时，虽然不会着火和爆炸，但当它从容器或管道里逸出，重新接触空气时却能燃烧，仍有发生着火的危险。

五、发生火灾和爆炸事故的原因及防范的基本理论

1. 火灾和爆炸事故的一般原因

火灾和爆炸事故的原因具有复杂性。但焊接作业过程中发生的这类事故主要是由于操作失误、设备的缺陷、环境和物料的不安全状态、管理不善等引起的。因此，火灾和爆炸事故的主要原因基本上可以从人、设备、环境、物料和管理等方面加以分析。

(1) 人的因素

对焊接作业发生的大量火灾与爆炸事故的调查和分析表明，有不少事故是由于操作者缺乏有关的科学知识、在火灾与爆炸险情面前思想麻痹、存在侥幸心理、不负责任、违章作业等引起的。在企业中一些设备本身存在易燃、易爆、有毒、有害物质，在动火前没有对设备进行全面吹扫、置换、蒸煮、水洗、抽加盲板等程序处理，或虽经处理而没达到动火条件，没进行检测分析或分析不准，而盲目动火，发生火灾、爆炸事故。

（2）设备的原因

例如，火焰钎焊时所使用的氧气瓶、乙炔瓶都是压力容器，设备本身都具有较大的危险性，使用不当时，氧气瓶、乙炔瓶受热或漏气都易发生着火、爆炸事故；弧焊机回线（地线）乱接乱搭或电线接电线，以及电线与开关、电灯等设备连接处的接头不良，接触电阻增大，就会强烈发热，使温度升高引起导线的绝缘层燃烧，导致附近易燃物起火。

（3）环境的原因

例如，焊接作业现场杂乱无章，在电弧或火焰附近以及登高焊割作业点下方（周围 10 m 内）存放可燃易爆物品，高温、通风不良、雷击等。

（4）物料的原因

例如，焊接设备（乙炔瓶、氧气瓶等）在运输装卸时受剧烈震动、撞击，可燃物质的自燃、各种危险物品的相互作用，发生火灾、爆炸事故。

（5）管理的原因

规章制度不健全，没有合理的安全操作规程，没有设备的计划检修制度；焊割设备和工具年久失修；生产管理人员不重视安全，不重视宣传教育和安全培训等。

2. 防火防爆技术基本理论

（1）防火技术的基本理论

根据燃烧必须是可燃物、助燃物和着火源这三个基本条件相互作用才能发生的道理，采取措施，防止燃烧三个基本条件的同时存在或者避免它们的相互作用，这是防火技术的基本理论。

例如，在汽油库里或操作乙炔发生器时，由于有空气和可燃物（汽油或乙炔）存在，所以规定必须严禁烟火，这就是防止燃烧的条件之一——火源存在的一种措施。又如，安全规程规定焊接操作点（火焰）与乙炔发生器之间的距离必须在 10 m 以上，乙炔发生器与氧气瓶之间的距离必须在 5 m 以上等。采取这些防火技术措施是为了避免燃烧三个基本条件的相互作用。

（2）防爆技术的基本理论

可燃物质（可燃气体、蒸气和粉尘）发生爆炸需同时具备下列三个基本条件。

1）存在可燃物质，包括可燃气体、蒸气或粉尘。

2）可燃物质与空气（或氧气）混合并且在爆炸极限范围内，形成爆炸性混合物。

3）爆炸性混合物在火源作用下。

对于每一种爆炸性混合物，都有一个能引起爆炸的最小点火能量，低于该能量，混合物就不爆炸。例如，氢气的最小点火能量为0.017 mJ，乙炔为0.019 mJ，丙烷为0.305 mJ等。

在焊接作业过程中，接触可燃气体、蒸气和粉尘的种类繁多，而且操作过程情况复杂，因此，需要根据不同的条件采取各种相应的防护措施。防止可燃物质爆炸的三个基本条件同时存在，是防爆技术的基本理论。

六、火灾和爆炸事故紧急处理方法

1. 扑救初起火灾和爆炸事故的安全原则

（1）及时报警、积极主动扑救。焊割作业地点及其他任何场所一旦发生着火或爆炸事故，都要立即报警。在场的作业人员不应惊慌，而应沉着冷静，利用事故现场的有利条件（如灭火器材、干沙、水池等）积极主动地投入扑救工作，消防队到达后，也应在统一指挥下协助和配合。

（2）救人重于救火的原则。火灾爆炸现场如果有人被围困时，首要的任务就是把被围困的人员抢救出来。

（3）疏散物资、建立空间地带。将受到火势威胁的物资疏散到安全地带，以阻止火势的蔓延，减少损失。抢救顺序是：先贵重物资，后一般物资。

（4）扑救工作应有组织地有序进行，并且应特别注意安全，防止人员伤亡。

2. 电气火灾时的紧急处理

焊接作业场所发生电气火灾时的紧急处理方法主要有以下几种。

（1）禁止无关人员进入着火现场，以免发生触电伤亡事故。特别是对于有电线落地、已形成了跨步电压或接触电压的场所，一定要划分出危险区域，并有明显的标识和专人看管，以防误入而伤人。

（2）迅速切断焊接设备和其他设备的电源，保证灭火的顺利进行。其具体方法是：通过各种开关来切断电源，但关掉各种电气设备和拉闸的动作要快，以免拉闸过程中产生的电弧伤人；通知电工剪断电线来切断电源，对于架空线，应在电源来的方向断电。

（3）正确选用灭火剂进行扑救。扑救电气火灾的灭火剂通常有干粉、卤代烷、二氧化碳等，在喷射过程中要注意保持适当距离。

（4）采取安全措施，带电进行灭火。用室内消火栓灭火是常用的重要手段。为此，要采取安全措施，即扑救者要穿戴绝缘手套、胶靴，在水枪喷嘴处连接接地导线等，以保证人身安全和有效地进行灭火。在未断电或未采取安全措施之前，不得用水或泡沫灭火器救火，否则容易触电伤人。

3. 钎焊设备着火的紧急处理

（1）氧气瓶着火时，应迅速关闭氧气阀门，停止供氧，使火自行熄灭。如邻近建筑物或可燃物失火，应尽快将氧气瓶搬出，转移到安全地点，防止受火场高热影响而爆炸。

（2）液化石油气瓶在使用或储运过程中，如果瓶阀漏气而又无法制止时，应立即把瓶体移至室外安全地带，让其逸出，直到瓶内气体排尽为止。同时，在气态石油气扩散所及的范围内，禁止出现任何火源。

如果瓶阀漏气着火，应立即关闭瓶阀。若无法靠近时，应立即用大量冷水喷注，使气瓶降温，抑制瓶内升压和蒸发，然后关闭瓶阀，切断气源灭火。

七、火灾爆炸事故紧急救护

1. 一般烧伤的紧急救护

一般烧伤会造成体液丧失，当受伤面暴露时，伤员易发生休克、感染等严重后果，甚至危及生命。所以应及时、正确地进行现场急救以减轻伤害，为医院抢救和治疗创造条件。

发生烧伤时，应沉着冷静，若周围无其他人员时，应立即自救，首先把烧着的衣服迅速脱下；若一时难以脱下时，应就地到水龙头或水池（塘）边，用水浇或跳入水中；周围无水源时，应用手边的材料灭火，防止火势扩散。自救时切忌乱跑，也不要用手扑打火焰，以免引起面部、呼吸道和双手烧伤。

（1）小面积或轻度烧伤

烧伤可根据伤及皮肤深度分为3度。1度为表皮烧烫伤，表现为局部干燥、微红肿、无水泡、有灼痛和感觉过敏；2度为伤及表皮和真皮层，局部红肿，且有大小不等的水泡形成为浅2度；皮肤发白或棕色，感觉迟钝，温度较低，为深2度；3度为全皮层皮肤烧烫伤，有的深达皮下脂肪、肌层，甚至骨骼。

小面积烧伤约为人体表面积的1%，深度为浅2度。小面积烧伤应进行如下应急处理。

1）立即将伤肢用冷水冲淋或浸泡在冷水中，以降低温度，减轻疼痛与肿胀，如果局部烧烫伤较脏和污染时，可用肥皂水冲洗，但不可用力擦洗。如果眼睛被烧伤，应将面部浸入冷水中，并做睁眼、闭眼活动，浸泡时间至少为10 min。如果是身体躯干烧伤，无法用冷水浸泡时，可用冷湿毛巾敷患处。

2）患处冷却后，用灭菌纱布或干净布巾覆盖包扎。视情况待其自愈或转送医院进行进一步治疗。不要用紫药水、红药水、消炎粉等药物处理。

（2）大面积或中度烧伤

1）局部冷却后对创面覆盖包扎。包扎时要稍加压力，紧贴创面不留空腔，如烧伤后出现水泡破裂，又有脏物，可用生理盐水（冷开水）冲洗，并保护创面，包扎时范围要大一些防止污染伤口。

2）注意保持呼吸道畅通。

3）注意及时对休克伤员的抢救。

4）注意处理其他严重损伤，如止血、骨折固定等。

5）在救护的同时迅速转送医院治疗。

（3）呼吸道烧伤的抢救

1）保持呼吸道畅通。

2）颈部用冰袋冷敷，口内也可含冰块，以期收缩局部血管，减轻呼吸道梗阻。

3）立即转送医院进行进一步抢救。

2. 化学性烧伤的紧急抢救

（1）化学烧伤

1）强酸烧伤。烧伤局部最初出现黄色或棕色，以后表现为棕褐色或黑绿色，皮肤发硬、出现焦痂。

2）强碱烧伤。烧伤局部皮肤黏滑或如肥皂样感觉，有时出现水泡，疼痛较剧烈。

3）磷烧伤。由于磷颗粒在皮肤上自燃，所以常起白烟，并呈蓝色火焰，伤处剧烈疼痛，皮肤出现焦痂。

（2）体表烧伤的救护

1）立即脱下浸有强碱、强酸液的衣物。

2）立即用大量自来水或清水冲洗烧伤部位。反复冲洗直至干净，一般需冲洗 15～30 min，也可用温水冲洗。切忌在不冲洗的情况下就用酸性（或碱性）液中和，以免产生大量热加重烧伤程度。

3）如果被生石灰、电石灰等烧伤，应先将局部擦拭干净，然后再用大量清水冲洗。切忌未清除干净就直接用水冲洗或泡入水中，以免遇水产热，加重烧伤。

4）可用中和剂中和，然后再用清水冲洗干净。如果被强碱类物质烧伤，可用食醋、3%～5%醋酸、5%稀盐酸、3%～5%硼酸等中和。如果被强酸类物质烧伤，用 5%碳酸氢钠、1%～3%氨水、石灰水上清液等中和清洗。

（3）眼睛烧伤的急救

在作业中，如果发生化学性眼睛烧伤，伤者或现场人员应立即急救，不得拖延，具体方法如下。

1）眼睛中溅入酸液或碱液，由于这两种物质都有较强的腐蚀性，对眼角膜和结膜会有不同程度的化学烧伤，发生急性炎症。这时千万不要用手揉眼睛，应立即用大量清水冲洗，冲洗时，可直接用水冲，也可将眼部浸入水中，双眼睁开或用手分开上、下眼皮，摆动头部或转动眼球 3～5 min。水要勤换，以彻底清洗残余的化学物质。

2）如有颗粒状化学物质进入眼睛，应立即拭去，同时用水反复冲洗。

3）伤眼冲洗应立即进行，越快越好，越彻底越好。不要因为过分强调水质而延误时机，从而加重受伤程度。

（4）穿化纤服烧伤的急救

穿化纤服烧伤后，必须迅速妥善清理燃烧物，不留灰痕。因为粘在皮肤上，不易在人体皮肤上脱落，必然造成严重伤害（烧伤或中毒）。

3. 刺激性气体中毒的急救

（1）发生刺激性气体泄漏中毒事故应立即呼救，向上级有关部门报告并尽快组织疏散。

（2）对中毒人员立即组织抢救，进入现场的抢救人员应戴上防毒面具，以免自己中毒。

（3）立即将中毒者移至空气新鲜和流通的地方。

（4）立即脱去污染衣物，并用大量清水冲洗受污染皮肤。

（5）如有眼睛烧伤或皮肤烧伤，应按化学性烧伤的救护方法积极抢救。

（6）必要或有条件时应及早使用皮质激素，以减轻肺水肿。

（7）由于中毒者的主要危险是肺水肿以及喉头痉挛、水肿等，所以抢救人员应密切注意中毒者的呼吸情况，采取一切措施保持呼吸道畅通。

（8）迅速送医院进行进一步抢救治疗。

4. 窒息性气体中毒的急救

窒息性气体是指能使血液的运氧气能力或组织的利用氧能力发生障碍，造成组织缺氧的有害气体。在生产和生活过程中较常见的窒息气体有一氧化碳、氮气、硫化氢和氰化物等。

（1）一氧化碳中毒的急救

1）在可能发生一氧化碳中毒的场所，如感到头晕、头痛等不适，应立即意识到可能是一氧化碳中毒，要迅速自行脱离现场到空气新鲜的室外休息。

2）如发现室内有人一氧化碳中毒时，应迅速打开门窗，并立即进行紧急处理，如关闭泄漏管道阀门等。

3）如发现有较重伤员，迅速将其移到空气新鲜的室外。

4）抢救者进入高浓度一氧化碳的场所要特别注意自我保护（开启门窗和送风等，以改善室内空气条件）；尽量压低身体或匍匐进入，因一氧化碳较空气密度小，往往浮在上层，抢救者要戴防毒面具或采取其他安全措施（在现场严禁使用明火，预防激发能量引起爆炸事故）。

5）立即给中毒者吸氧。

6）如中毒者呼吸停止，应立即进行人工呼吸。

7）有条件时给伤员注射呼吸兴奋剂。

8）迅速将伤员转送到医院进行进一步急救治疗，尽可能将伤员送至有高压氧舱的医院，这是治疗一氧化碳中毒的最有效方法之一。

（2）硫化氢中毒的急救

1）当发现有人在硫化氢中毒现场昏倒，应意识到硫化氢中毒，不可盲目进入，应设法迅速将中毒者救出中毒现场，移到空气新鲜、通风良好的地方。

2）对呼吸、心跳停止者，立即进行口对口人工呼吸和胸外心脏按压。

3）有条件时给伤员吸氧或注射兴奋剂。

4）眼受刺激可用弱碱液体冲洗。

5）迅速送往医院，进行进一步抢救治疗。

（3）氰化物中毒的急救

1）立即脱离现场，迅速将中毒者移到空气新鲜的地方。

2）进入高浓度氰化物气体现场的抢救者必须戴防毒面具。

3）如中毒者呼吸停止，应立即进行口对口人工呼吸帮助心脏复苏。

4）立即让中毒者吸入相关急救药品，并按要求使用。

5）立即给中毒者吸氧。

6）有条件时立即采用静脉注射的特效疗法。

7）对皮肤灼伤者可用高锰酸钾液冲洗，再用硫化铵液洗涤。

8）经口摄入者应立即用 1∶5 000 高锰酸钾水溶液洗胃。

9）在抢救的同时应迅速转送医院进行进一步急救治疗。

第四节　化学品的安全使用

化学品多具有燃烧、爆炸、毒害、腐蚀及有害性，在生产制备、运输、储存、使用等过程中经常造成财产损失，甚至危害生命的安全事故。

一、危险化学品的分类

109 种化学元素，通过不同的组合形成 60 余万种化学品，可分为无毒无害的食用化学品、一般化学品和危险化学品，其中危险化学品有 3 万余种有明显或潜在的危险性。按其危险特性，分为以下八大类。

第一类为爆炸品，指在外界作用下（如受热、受压、撞压等），能发生剧烈的化学反应，瞬间产生大量的气体和热量，使周围压力急骤上升，发生爆炸，对周围环境造成破坏的物质。

第二类为压缩气体和液化气体，指压缩、液化或加压溶解的气体。

第三类为易燃液体，指易燃的液体、液体混合物或含有固体物质的液体。

第四类为易燃固体、自燃物品和遇湿易燃物品，指燃点低，对热、撞击、摩擦敏感，易被外部火源点燃，燃烧迅速，并可能散发出有毒烟雾或有毒气体的固体物质。

第五类为氧化剂和有机过氧化剂，指处于高氧化态具有强氧化性，易分解并放出氧和热量的物质。

第六类为有毒品，指进入机体后，累积达一定的量，能与体液和器官组织发生生物化学作用或生物物理反应，扰乱或破坏机体的正常生理功能，引起某些器官和系统暂时性或永久性的病理改变，甚至危及生命的物品。

第七类为放射性物品，指活度大于 7.4×104 Bq/kg 的物品。

第八类为腐蚀品，指能灼伤人体组织并对金属等物体造成损坏的固体或液体。

二、常用危险化学品的特性和安全措施

1. 强酸类

(1) 盐酸 (HCl)

1) 盐酸的性质。盐酸是氯化氢气体的水溶液，常用的盐酸约含35%的氯化氢，密度是 1. 19g/cm³。纯净的浓盐酸是没有颜色的透明液体，有刺激性气味。工业级的浓盐酸常因含有杂质而带黄色。浓盐酸在空气里会生成白雾，这是因为从盐酸挥发出来的氯化氢气体与空气里的水汽接触，形成盐酸小液滴的缘故。盐酸有很重的酸味和很强的腐蚀性。

2) 危险情况。30% ~ 35%浓度的盐酸会引致灼伤，刺激呼吸系统、皮肤、眼睛等。

3) 安全措施。如沾及眼睛或皮肤，立即用大量清水清洗，如觉不适应尽快就医诊治。

(2) 硫酸 (H₂SO₄)

1) 硫酸的性质。纯净的浓硫酸是没有颜色、黏稠、油状的液体，不容易挥发。常用的浓硫酸浓度是98%，密度是 1. 84g/cm³。浓硫酸具有很强的吸水性，跟空气接触，能吸收空气里的水分，所以它常用作某些气体的干燥剂。浓硫酸也能够夺取纸张、木材、衣物、皮肤（它们都是碳水化合物）里的水分，使它们碳化。所以硫酸对皮肤、衣物等有很强的腐蚀性。

硫酸很容易溶解于水，同时释放出大量的热，所以平时配制硫酸溶液时，溶液温度会升得很高。如果把水倒进浓硫酸里，水的密度比硫酸小，水就会浮在硫酸的上面，溶解时放出的大量热量会使水立刻沸腾，使硫酸液滴向四周飞溅。

2) 危险情况。遇水即产生强烈反应，引致严重灼伤，并刺激呼吸系统、眼睛及皮肤。

3) 安全措施。操作时穿戴适当的防护衣物、防护手套及面具。

为了防止发生事故，在稀释浓硫酸时，必须是把浓硫酸沿着器壁慢慢地注入水里，并不断搅拌，使产生的热量迅速地扩散。切忌将水直接加进浓硫酸里。

如果不慎在皮肤或衣物上沾上硫酸，应立即用布拭去，再用大量的清水冲洗，并尽快就医诊治。

（3）硝酸（HNO₃）

1）硝酸的性质。纯净的硝酸是一种无色的液体，具有刺激性气味。常用的浓硝酸浓度是68%，密度是1.4g/cm³。与盐酸相似，在空气里也能挥发出 HNO_3 气体，与空气里的水汽结合成硝酸小液滴，形成白雾。硝酸也会强烈腐蚀皮肤和衣物，使用硝酸的时候，要特别小心。

2）危险情况。若与可燃物接触可能引起火警，并引致严重灼伤。

3）安全措施。操作过程中，穿戴适当的防护衣物、防护手套及面具。切勿吸入烟雾/蒸气/喷雾，如沾及眼睛或皮肤，立即用大量清水清洗，并尽快就医诊治，并将所有受污染的衣物立即脱掉。

2. 强碱类

（1）氢氧化钠（NaOH）

1）氢氧化钠的性质。纯净的氢氧化钠是一种白色固体，极易溶解于水，溶解时放出大量的热量。氢氧化钠的水溶液有涩味和滑腻感，暴露在空气里的氢氧化钠容易吸收水汽而潮解。因此，氢氧化钠可用作某些气体的干燥剂。氢氧化钠有强烈的腐蚀性。因此，又叫苛性钠、火碱或烧碱。

2）危险情况。如果操作不当，会引致严重灼伤。刺激呼吸道、皮肤及眼睛。

3）安全措施。在接触氢氧化钠的化学品时，一定要穿戴适当的防护衣物、防护手套及面具。操作时，必须十分小心，防止皮肤、衣物的直接接触。如果不慎沾及皮肤或眼睛，立即用大量清水清洗，并尽快就医诊治，并将所有受污染的衣物必须立即脱掉，防止引致灼伤。

（2）氨水（NH₄OH）

1）氨水的性质。纯净的氨水是无色液体，工业级制品因含杂质而呈浅黄色，常用氨水的浓度工业级一般为20%～25%，试剂级为28%～30%。氨水易分解、挥发，放出氨气。氨气是一种有强刺激性的气体。氨水在浓度大、温度高时，分解挥发得更快。氨水对多种金属有腐蚀作用。

2）危险情况。工作中，若操作不当会引致严重灼伤，有刺激呼吸系统、眼睛及皮肤的危险。

3）安全措施。在运输和储存氨水时，一般要用橡皮桶、陶瓷坛或内涂沥青的铁桶等耐腐蚀的容器，容器必须上盖。避免接触皮肤和眼睛，如果沾及皮肤和眼睛，应立即用大量清水清洗，并尽快就医诊治。

3. 强氧化剂类

常用的强氧化剂有过氧化氢（双氧水）、高锰酸钾、过硫酸盐等。这些强氧化剂对皮肤具有强腐蚀性，且气味刺激性大，使用时必须佩戴防护用品，同时大多数强氧化剂是易燃品，使用和储存都应注意远离火源。

（1）危险情况

若强氧化剂与可燃物接触会引致严重灼伤，可能引起火警。如果吞食会对人体造成伤害。

（2）安全措施

装有强氧化剂的容器应有标签标识，使用时必须佩戴防护手套，穿着适当的防护衣物和面具。

如果沾及眼睛或皮肤，应立即用大量清水清洗，并尽快就医诊治，误吞食后应立即就医诊治。

4. 有机溶剂类

有机溶剂多属于有毒物质，常见的有机溶剂有亚司通、洗网水、防白水、开油水、丙酮、异丙醇等，其挥发性强、刺激性气味大，通过皮肤接触或呼吸道吸入可能会导致过敏甚至中毒。

（1）危险情况

有机溶剂具有极强的刺激性气味，如果吸入呼吸道，会导致中毒。若接触皮肤会出现过敏病症。由于具有很强的挥发性和可燃性，其高度易燃。

（2）安全措施

有机溶剂为易燃物品，容器必须盖紧，并存放在通风地方，平时要在低温条件下储存，切勿靠近火源或高温区。储存有机溶剂地域必须设有不准吸烟标识。

三、危险化学品的安全使用原则

1．劳保用品主要是用来防护人员的眼睛、呼吸道和皮肤直接受到有害物质的伤害。常用的劳保用品有：耐酸碱橡胶手套、耐酸碱胶鞋、护目镜、面罩、胶围裙、防尘口罩、防毒口罩等。

2．使用有强腐蚀性、强氧化性的化学品时，必须佩戴好耐酸碱胶手套、耐酸碱胶鞋、护目镜、面罩和胶围裙等劳保用品。倒药水时，容器口不能正对自己和他人。

3．使用有挥发性、刺激性和有毒的化学品时，必须佩戴好耐酸碱胶手套和防毒口罩，并打开门窗，使现场通风良好。

4．使用不明性质的任何化学品时，不能直接用手去拿，不能直接用鼻去闻，更不能用口去尝。

5．储存时，酸碱要分开。具有强氧化性和具有还原性的物质要分开，易燃物质要远离火源和热源。搬运化学药品时，需先检查运输车是否完好，液体化学品必须单层摆放，工作人员也必须穿戴耐酸碱手套、围裙、穿耐酸碱胶鞋等劳保用品。

6．在使用过程中，如发现有头晕、乏力、呼吸困难等症状，即表示可能有中毒现象，应立刻离开现场到通风的地方，必要时送医院诊治。

四、化学危险品烧伤的现场处理

化学危险品具有易燃、易爆、腐蚀、有毒等特点，在生产、储存、运输和使用过程中容易发生意外。由于热力作用，化学刺激或腐蚀造成皮肤、眼睛的烧伤，有的化学物质还可以从创面吸收甚至引起全身性中毒，所以对化学烧伤比开水烫伤或火焰烧伤更要重视。

1．化学性皮肤烧伤的现场处理

（1）立即移离现场，迅速脱去被化学品污染的衣物等。

（2）无论酸碱或其他化学物烧伤，立即用大量流动自来水或清水冲洗创伤面 15～30 min。

（3）新鲜创面上不要任意涂上油膏或红药水、紫药水，不要用脏布包裹。

2. 化学性眼睛烧伤的现场处理

（1）迅速在现场用流动清水冲洗，千万不要未经冲洗处理而急于送往医院。

（2）冲洗时眼皮一定要翻开，如无冲洗设备，也可把头部浸入清洁盆水中，把眼皮翻开，眼球来回转动进行洗涤。

（3）生石灰、烧碱颗粒溅入眼内，应先用棉签去除颗粒后，再用清水冲洗。

五、标识危险性质和危险标签

在储存有危险化学品的容器、现场以及装有危险化学品的运输车辆等，应有针对性的标识危险性质和危险标签，以进行安全提示，见表3—3。

表3—3　　　　　　　　危险性质和危险标签

危险性质	危险标签
爆炸性 　一种遇火焰便会爆炸或震荡和摩擦有较二硝基苯更强烈反应的反应物质	EXPLOSIVE 爆炸性
助燃 　一种和其他物质特别是易燃物质接触便会引起强烈放热反应的物质	OXIDIZING 助燃
易燃 拥有以下特性的物质： 1. 没有使用任何能源的情况下，与周围空气接触便会吸热，导致着火 2. 遇火源很容易着火，并且移离火源后继续燃烧或耗用的固体 3. 常压下，于空气中引起过热或燃烧的气体 4. 水或湿气接触便会产生高度易燃气体，这种气体足以产生危险 5. 一种闪点低于66℃的液体	FLAMMABLE 易燃

续表

危险性质	危险标签
有毒 　　将这种物质吸入、咽下或经皮肤透入体内，可能对健康构成急性或慢性的危害，甚至死亡	TOXIC 有毒
有害 　　将这种物质吸入、咽下或经皮肤透入体内，可能对健康产生一定的影响	HARMFUL 有害
腐蚀性 　　如果和这种物质接触，这种物质可能会严重破坏细胞组织	CORROSIVE 腐蚀性
刺激性 　　一种非腐蚀性物质，如果这种物质直接、长期或重复和皮肤或黏膜接触，便会引起发炎	IRRITANT 刺激性

第四章　钎焊作业劳动卫生与防护

钎焊作业所采用的各种焊接方法都会产生某些有害因素。不同的工艺，其有害因素也有所不同，大体有弧光辐射、焊接烟尘、有毒气体、高频电磁辐射、射线、热辐射等。

第一节　钎焊作业有害因素的来源及危害

各种钎焊工艺方法，在作业过程中会产生弧光辐射、焊接烟尘、有毒气体、高频电磁辐射、射线、热辐射，单一有害因素存在的可能性很小，若干有害因素会同时存在。几种有害因素同时存在，对人体的毒性作用将倍增。

因此，在本节介绍有害因素的来源及危害，以便采取有针对性的卫生防护措施，就显得十分必要。

一、弧光辐射的来源及危害

1. 来源

焊接过程中的弧光辐射由紫外线、可见光和红外线等组成。它们是由于物体加热而产生的，属于热线谱。例如，在生产的环境中，凡是物体的温度达到 1 200℃时，辐射光谱中即可出现紫外线。随着物体温度增高，紫外线的波长变短，其强度增大。

电弧燃烧时，一方面产生高热，另一方面同时产生强光，两者在工业上都得到应用。电弧的高热可以进行电弧切割、焊接和炼钢等。然而，焊接电弧作为一种很强的光源，会产生强的弧光辐射，这种弧光辐射对人体能造成伤害。焊接弧光的波长范围见表4—1。

表4—1   焊接弧光的波长范围   nm

红外线	可见光线		紫外线
	赤、橙、黄、绿、青、蓝、紫		
1 400~760	760~400		400~200

钨极氩弧钎焊的烟尘量较小，其光辐射强度高于焊条电弧焊。熔化极氩弧钎焊电流密度很大，其功率可为钨极氩弧钎焊功率的5倍多，因而它的弧温更高，光辐射强度大于钨极氩弧钎焊的光辐射强度。钨极氩弧钎焊光辐射强度为焊条电弧焊光辐射强度的5倍以上。熔化极氩弧钎焊光辐射强度为焊条电弧焊的20~30倍。

2. 危害

光辐射是能量的传播方式。辐射波长与能量成反比关系。波长越短，每个量子所携带的能越大，对肌体的作用也越强。

光辐射作用到人体上，被体内组织吸收，引起组织的热作用、光化学作用或电离作用，致使人体组织发生急性或慢性的损伤。

（1）紫外线

适量的紫外线对人体健康是有益的，但焊接电弧产生的强烈紫外线的过度照射，对人体健康有一定的危害。

紫外线对人体的作用是造成皮肤和眼睛的伤害。

1）对皮肤的作用。不同波长的紫外线，可被皮肤不同深度组织所吸收。皮肤受强烈紫外线作用时，可引起皮炎、弥漫性红斑，有时出现小水泡、渗出液和浮肿，有热灼感，发痒。

2）电光性眼炎。紫外线过度照射引起眼睛的急性角膜炎称为电光性眼炎。这是明弧焊直接操作和辅助工人的一种特殊职业性眼病。波长很短的紫外线，尤其是320 nm以下的，能损害结膜与角膜，有时甚至伤及虹膜和网膜。

3）对纤维的破坏。焊接电弧的紫外线辐射对纤维的破坏能力很强，其中以棉织品为最甚。光化学作用的结果，可致棉布工作服氧化变质而破碎，有色印染物显著褪色。这是明弧焊工棉布工作服不耐穿的原因之一，尤其是氩弧钎焊操作时更为明显。

（2）红外线

红外线对人体的危害主要是引起组织的热作用。波长较长的红外线可被皮肤表面吸收，使人产生热的感觉。

短波红外线可被组织吸收，使血液和深部组织灼伤。在焊接的过程中，眼部受到强烈的红外线辐射，立即感到强烈的灼伤和灼痛，发生闪光幻觉。长期接触可能造成红外线白内障，视力减退，严重时能导致失明。此外，还可造成视网膜灼伤。

（3）可见光

焊接电弧的可见光线的光度，比肉眼正常承受的光度大约高10 000倍，眼睛被照射后会导致电光性眼炎，这是我国《职业病分类和目录》规定的一种职业病，主要症状有眼睛疼痛、流泪、看不清东西等，可使人短时间内失去劳动能力。

二、焊接烟尘的来源及危害

1. 来源

焊接烟尘是钎焊过程中液态钎料的过热、蒸发、氧化和冷凝而产生的金属烟尘，其中使用的钎料含有镉、锌、铍及氟化物等，液态钎料的蒸发是焊接烟尘的主要来源。在高温下，尽管各种金属的沸点不同，但它们的沸点都低于钎焊温度，必然要有蒸发。

2. 危害

焊接金属烟尘中锌蒸气、镉蒸气、铍蒸气和氟化物等，可通过呼吸道进入人体，引起焊工的不良反应。

氯化锌毒性很强，能剧烈刺激及烧灼皮肤和黏膜，长期对锌蒸气接触会发生变应性皮炎。吸入氯化锌烟雾经 5～30 min 后能引起阵发性咳嗽、恶心。对上呼吸道、气管、支气管黏膜有损害。

镉会对呼吸道产生刺激，镉化合物不易被肠道吸收，但可经呼吸被体内吸收，积存于肝或肾脏造成危害，尤以对肾脏的损害最为明显，还可导致骨质疏松和软化。进入人体的镉，在体内形成镉硫蛋白，通过血液到达全身，并有选择性地蓄积于肾、肝中。镉与含羟基、氨基、巯基的蛋白质分子结合，能使许多酶系统受到抑制，从而影响肝、肾器官中酶系统的正常功能。

铍主要以粉尘、烟雾的形式经呼吸道进入体内，表现为急性化学性支气管炎或化学性肺炎。一般在吸入后，经 3~6 h 的潜伏期，最初产生铸造热样症状，表现为全身酸痛、疲乏、头晕、头痛、咽痛、发热、怕冷、胸闷及咳嗽。经数天至两周，发生化学性肺炎、紫绀、肺部干湿性罗音。

氟化物在空气中的浓度大于 1 mg/m³ 时，就能导致呼吸道疾病、皮肤病、眼病等，严重时能引起化学性肝炎、肺水肿、反射性窒息等呼吸功能衰竭死亡症。

三、有毒气体的来源及危害

1. 来源

（1）电弧钎焊时，在高温和强烈紫外线作用下，在弧区周围形成多种有毒气体，其中主要有臭氧、氮氧化物和一氧化碳等。

1）臭氧。空气中的氧在短波紫外线的激发下，大量地被破坏，生成臭氧（O_3），其化学反应过程如下：

$$O_2 \xrightarrow{\text{短波紫外线}} 2O$$

$$2O_2 + 2O \longrightarrow 2O_3$$

臭氧是一种有毒气体，呈淡蓝色，具有刺激性气味。浓度较高时，发出腥臭味；浓度特别高时，发出腥臭味并略带酸味。

2）氮氧化物。氮氧化物是由于焊接电弧的高温作用引起空气中氮、氧分子离解，重新结合而形成的。

氮氧化物的种类很多，在明弧焊中常见的氮氧化物为二氧化氮，因此，常以测定二氧化氮的浓度来表示氮氧化物的存在情况。

二氧化氮为红褐色气体，相对密度为 1.539，遇水可变成硝酸或亚硝酸，产生强烈刺激作用。

3）一氧化碳。各种明弧焊都产生一氧化碳这种有害气体，一氧化碳的主要来源是由于 CO_2 气体在电弧高温作用下发生分解而形成的：

$$CO_2 \xrightarrow{\text{电弧高温}} CO + [O]$$

一氧化碳为无色、无臭、无味、无刺激性的气体，相对密度为 0.967，几乎不溶于水，但易溶于氨水，几乎不为活性炭所吸收。

（2）在炉中钎焊、氩弧钎焊工作中使用的保护性气体，无论是活性的，还是惰性的，若浓度很高，都会带来潜在的危险。例如，在狭小的空间内操作，通风不畅，就会缺氧或中毒而窒息。

2. 危害

（1）臭氧

臭氧对人体的危害主要是对呼吸道及肺有强烈刺激作用。臭氧浓度超过一定限度时，往往引起咳嗽、胸闷、食欲不振、疲劳无力、头晕、全身疼痛等。严重时，特别是在密闭容器内焊接而又通风不良时，可引起支气管炎。

此外，臭氧容易同橡皮、棉织物起化学作用，高浓度、长时间接触可使橡皮、棉织品老化变性。在 13 mg/m^3 浓度作用下，帆布可在半个月内出现变性，这是棉织工作服易破碎的原因之一。

我国卫生标准规定，臭氧最高容许浓度为 0.3 mg/m^3。臭氧是氩弧焊的主要有害因素，在没有良好通风的情况下，焊接工作地点的臭氧浓度往往高于卫生标准几倍、十几倍甚至更高。但只要采取相应的通风措施，就可大大降低臭氧浓度，使之符合卫生标准。

臭氧对人体的作用是可逆的。由臭氧引起的呼吸系统症状，一般在脱离接触后均可得到恢复，恢复期的长短取决于臭氧影响程度之大小，以及人的体质。

（2）氮氧化物

氮氧化物属于具有刺激性的有毒气体。氮氧化物对人体的危害，主要是对肺有刺激作用。氮氧化物具有水溶性，被吸入呼吸道后，由于黏膜表面并不十分潮湿，对上呼吸道黏膜刺激性不大，对眼睛的刺激也不大，一般不会立即引起明显的刺激性症状。但高浓度的二氧化氮吸入肺泡后，由于湿度增加，反应也加快，在肺泡内约可滞留 80%，逐渐与水作用形成硝酸与亚硝酸（$3NO_2 + H_2O \longrightarrow 2HNO_3 + NO$；$N_2O_4 + H_2O \longrightarrow HNO_3 + HNO_2$），对肺组织有强烈的刺激作用及腐蚀作用，可增加毛细血管及肺泡壁的通透性，引起肺水肿。

我国卫生标准规定，氮氧化物（NO_2）的最高容许浓度为 5 mg/m^3。氮氧化物对人体的作用也是可逆的，随着脱离作业时间的增加，其不良影响会逐渐减少或消除。

在焊接实际操作中，氮氧化物单一存在的可能性很小，一般都是臭氧和氮氧化物同时存在，因此它们的毒性会倍增。一般情况下，两种有害气体同时存在比单一有害气体存在时，对人体的危害作用高15～20倍。

（3）一氧化碳

一氧化碳（CO）是一种窒息性气体，对人体的毒性作用是使氧在体内的运输或组织利用氧的功能发生障碍，造成组织、细胞缺氧，表现出缺氧的一系列症状和体征。一氧化碳（CO）经呼吸道进入体内，由肺泡吸收进入血液后，与血红蛋白结合成碳氧血红蛋白。一氧化碳（CO）与血红蛋白的亲和力比氧与血红蛋白的亲和力大200～300倍，而离解速度又较氧合血红蛋白慢得多（相差3 600倍），减弱了血液的带氧能力，使人体组织缺氧坏死。

一氧化碳轻度中毒时表现为头痛、全身无力，有时呕吐、足部发软、脉搏增快、头昏等。中毒加重时表现为意识不清并转成昏睡状态。严重时发生呼吸及心脏活动障碍、大小便失禁、反射消失，甚至能因窒息死亡。

我国卫生标准规定，一氧化碳（CO）的最高容许浓度为30 mg/m³。对于作业时间短暂的，可予以放宽。

（4）浓度很高的惰性气体

钎焊中常使用氮和氩这两种气体，它们具有惰性，可以对钎缝起到保护作用。在常温下，氮是惰性气体，而在高温下则可能产生有毒的氧化物。氩气在所有温度下都是惰性的。但是，当它们存在的浓度很高时，则会导致"窒息"的状况。

四、高频电磁辐射的来源及危害

随着氩弧钎焊的广泛应用，在焊接过程中存在一定强度的电磁辐射，构成对局部生产环境的污染。因此，必须采取安全措施妥善解决。

1. 来源

钨极氩弧钎焊时，为了迅速引燃电弧，需由高频振荡器来激发引弧，此时，振荡器要产生强烈的高频振荡，击穿钍钨极与焊件之间的空隙，引燃电弧；另外，又有一部分能量以电磁波的形式向空间辐射，即形成高频电磁场。所以，在引弧的瞬间（2~3 s）有高频电磁场存在。

在氩弧钎焊时，高频电磁场场强的大小与高频振荡器的类型及测定时仪器探头放置的位置与测定部位之间的距离有关。焊接时高频电磁辐射场强分布的测定结果见表4—2。

表4—2 手工钨极氩弧钎焊时高频电场强度 V/m

操作部位	头	胸	膝	踝	手
焊工前	58~66	62~76	58~86	58~96	106
焊工后	38	48	48	20	1
焊工前 1 m	7.6~66	9.5~66	5~24	0~23	1
焊工后 1 m	7.8	7.8	2	0	1
焊工前 2 m	0	0	0	0	0
焊工后 2 m	0	0	0	0	0

2. 危害

人体在高频电磁场的作用下，能吸收一定的辐射能量，产生生物学效应，这就是高频电磁场对人体的"致热作用"。此"致热作用"对人体健康有一定影响，长期接触场强较大高频电磁场的工人，会引起头晕、头痛、疲乏无力、记忆减退、心悸、胸闷、消瘦和神经衰弱及植物神经功能紊乱。血压早期可有波动，严重者血压下降或上升（以血压偏低为多见），白细胞总数减少或增多，并出现窦性心律不齐、轻度贫血等。

钨极氩弧钎焊时，每次启动高频振荡器的时间只有2~3 s，每个工作日接触高频电磁辐射的累计时间在10 min左右。接触时间又是断续的，因此高频电磁场对人体的影响较小，一般不足以造成危害。但是，考虑到焊接操作中的有害因素不是单一的，所以仍有采取防护措施的必要。对于高频振荡器在操作过程中连续工作的情况，更是必须采取有效和可靠的防护措施。

五、射线的来源及危害

1. 来源

焊接工艺过程中的放射性危害，主要是指氩弧钎焊的钍放射性污染。所谓放射现象，是指某些元素不需要外界的任何作用，它们的原子核就能自行放射出具有一定穿透能力的射线。将元素的这种性质称为放射性，具有放射性的元素称为放射性元素。

氩弧钎焊使用的钍钨棒电极中的钍，是天然放射性物质，能放射出 α、β、γ 三种射线，其中 α 射线占90%，β 射线占9%，γ 射线占1%。在氩弧钎焊工作中，使用钍钨极会导致放射性污染的发生。其原因是在施焊过程中，由于高温将钍钨极迅速熔化部分蒸发，产生钍的放射性气溶胶、钍射气等。同时，钍及其衰变产物均可放射出 α、β、γ 射线。

2. 危害

人体内水分占体重的70%~75%。水分能吸收绝大部分射线辐射能，只有一小部分辐射能直接作用于机体蛋白质。当人体受到的辐射剂量不超过容许值时，射线不会对人体产生危害。但是人体长期受到超容许剂量的外照射，或者放射性物质经常少量进入并蓄积在体内，则可能引起病变，造成中枢神经系统、造血器官和消化系统的疾病，严重者可患放射病。

氩弧钎焊在焊接操作时，基本的和主要的危害形式是钍及其衰变产物呈气溶胶和气体的形式进入体内。钍的气溶胶具有很高的生物学活性，它们很难从体内排出，从而形成内照射，将长期危害机体。

六、热辐射的来源及危害

1. 来源

焊接过程是应用高温热源加热金属进行连接的，所以在施焊过程中有大量的热能以辐射形式向焊接作业环境扩散，形成热辐射。

电弧热量的20%~30%要逸散到施焊环境中，因而可以认为焊接弧区是热源的主体。焊接过程中产生的大量热辐射被空气媒质、人体或周围物体吸收后，这种辐射就转化为热能。

某些材料的焊接，要求施焊前必须对焊件预热。预热温度可达 150～700℃，并且要求保温。所以预热的焊件，不断向周围环境进行热辐射，形成一个比较强大的热辐射源。

在作业场所由于焊接电弧、焊件预热、盐浴槽内钎料的加热等热源的存在，致使空气温度升高，其升高的程度主要取决于热源所散发的热量及环境散热条件。在窄小空间焊接时，由于空气对流差散热不良，将会形成热量的蓄积，对机体产生加热作用。另外，在某一作业区若有多台焊机同时施焊，由于热源增多，被加热的空气温度就更高，对机体的加热作用就将加剧。

2. 危害

研究表明，当焊接作业环境气温低于15℃时，人体的代谢增强；当气温在15～25℃时，人体的代谢保持基本水平；当气温高于25℃时，人体的代谢稍有下降；当气温超过35℃时，人体的代谢将又变得强烈。总的来看，在焊接作业区，影响人体代谢变化的主要因素有气温、气流速度、空气的湿度和周围物体的平均辐射温度。在我国南方地区，环境空间气温在夏季很高，且多雨、湿度大，尤其应注意因焊接加热局部环境空气的问题。

焊接环境的高温，可导致作业人员代谢机能的显著变化，引起作业人员身体大量出汗，导致人体内的水盐比例失调，出现不适应症状，同时，还会增加人体触电的危险性。

第二节　钎焊作业劳动卫生防护措施

一、弧光辐射防护

钎焊作业人员从事明弧焊时，必须使用镶有特制护目镜片的手持式面罩或头戴式面罩（头盔）。面罩用暗色1.5 mm厚钢纸板制成。

护目镜片有吸收式滤光镜片和反射式防护镜片两种，吸收式滤光镜片根据颜色深浅有几种牌号，应按照焊接电流强度选用（见表4—3）。

近来研制生产的高反射式防护镜片，是在吸收式滤光镜片上镀铬—铜—铬三层金属薄膜制成的，能将弧光反射回去，避免了滤光镜片将吸收的辐射光线转变为热能的缺点。使用这种镜片，眼睛感觉较凉爽舒适，观察电弧和防止弧光伤害的效果较好，目前正在推广应用。光电式镜片是利用光电转换原理制成的新型护目滤光片，由于在起弧时快速自动变色，能防护作业人员的眼睛不受电弧光的伤害。

在焊接过程中如何正确合理选择滤光片，是一个重要的问题。正确选择滤光片可参见表4—3。

表4—3　　　　　　焊接滤光片推荐使用遮光号

遮光号	电弧钎焊	碳弧钎焊
1.2		—
1.4 1.7 2	防侧光与杂散光	—
2.5 3 4	辅助工种	—
5 6	30 A 以下电弧焊作业	—
7 8	30～200 A 电弧焊作业	—
9 10	250～400 A 电弧焊作业	工件厚度为 12 mm 以上
11 12	500 A 电弧焊作业	工件厚度为 16 mm 以上

表4—3中主要是根据焊接电流的大小推荐使用滤光片的深浅。如果考虑到视力的好坏、照明的强弱、室内与室外等因素，选用遮光号的大小可上下差一个号。

如果在电弧钎焊的过程中电流较大，就要使用遮光号较大（较深）的滤光片。

为保护焊接工作地点其他生产人员免受弧光辐射伤害，可采用防护屏。防护屏宜采用布料涂上灰色或黑色漆制成，临近施焊处应采用耐火材料（如石棉板、玻璃纤维布、铁板等）作屏面。

为防止弧光灼伤皮肤，焊工必须穿好工作服，戴好手套和鞋盖。

二、焊接烟尘和有毒气体防护

1. 通风技术措施

通风技术措施的作用是把新鲜空气送到作业场所并及时排除工作时所产生的有害物质和被污染的空气，使作业地带的空气条件符合卫生学的要求。创造良好的作业环境，是消除焊接尘毒危害的有力措施。

按空气的流动方向和动力源的不同，通风技术一般分为自然通风与机械通风两大类。自然通风可分为全面自然通风和局部自然通风两类。机械通风是依靠通风机产生的压力来换气，可分为全面机械通风和局部机械通风两类。

全面通风是焊接车间排放电焊烟尘和有毒气体的辅助措施。

焊接工作地点的局部通风有局部送风和局部排气两种形式。

（1）局部送风

局部送风是把新鲜空气或经过净化的空气，送入焊接工作地带。它用于送风面罩、口罩等，有良好的效果。目前，在有些单位生产上仍采用电风扇直接吹散电焊烟尘和有毒气体的送风方法，尤其多见于夏天。这种局部送风方法，只是暂时地将弧焊区的有害物质吹走，仅起到一种稀释作用，但是会造成整个车间的污染，达不到排气的目的。局部送风使焊工的前胸和腹部受电弧热辐射作用，后背受冷风吹袭，容易引发关节炎、腰腿痛和感冒等疾病。所以，这种通风方法不应采用。

（2）局部排风

局部排风是效果较好的焊接通风措施，有关部门正在积极推广。

根据焊接生产条件的特点不同，目前用于局部排风装置的结构形式较多，以下介绍可移式小型排烟机组和气力引射器。

如图4—1所示为风机和吸头移动式排烟系统。它是由小型离心风机、通风软管、过滤器和排烟罩组成的。

如图4—2所示为气力引射器。其排烟原理是利用压缩空气从主管中高速喷射，造成负压区，从而将电焊烟尘和有毒气体吸出，经过滤净化后排出室外。它可以应用于容器、锅炉等焊接，将污染气体进口插入容器的孔洞（如人孔、手孔、顶盖孔等）即可，效果良好。

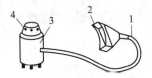

图4—1　风机和吸头移动式排烟系统

1—通风软管　2—吸风头

3—离心风机、过滤器　4—排烟罩

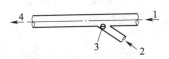

图4—2　气力引射器

1—压缩空气进口　2—污染气体进口

3—负压区　4—排出口

为消除焊接工艺过程产生窒息性和其他有毒气体的危害，在作业空间狭小的环境，应加强机械通风，稀释毒物的浓度。如图4—3所示为可移式排烟罩机组在化工容器内施焊时的应用情况示意图。

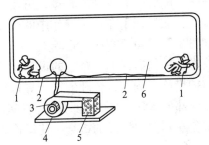

图4—3　化工容器内施焊用排烟机组

1—排烟罩　2—软管　3—电动机　4—风机　5—过滤器　6—化工容器

在车间厂房内的钎焊操作，应采用局部排烟装置并经过滤后排出室外。当工作室内高度小于 3.5 ~ 4 m，或每个焊工工作空间小于 4 m²，或工作间（室、舱、柜等）内部有结构而影响空气流动，而且焊接工作点的烟尘及有毒气体超过《工业企业设计卫生标准》规定的允许浓度时，还应采取全面通风换气的措施（全面通风换气应保持每个焊工 57 m³/min 的通风量）。

2. 个人防护措施

加强个人防护措施，对防止焊接时产生的有毒气体和粉尘的危害具有重要意义。

个人防护措施是使用包括眼、耳、口、鼻、身各个部位的防护用品以达到确保焊工身体健康的目的。其中工作服、手套、鞋、眼镜、口罩、头盔和防耳器等属于一般防护用品。实践证明，这种个人防护措施是行之有效的。

3. 改革工艺、改进焊接材料

劳动条件的好坏，基本上取决于生产工艺。改革生产工艺，使焊接操作实现机械化、自动化，不仅能降低劳动强度，提高劳动生产效率，并且可以大大减少焊工接触生产性毒物的机会，改善作业环境的劳动卫生条件，使之符合卫生要求。这是消除焊接职业危害的根本措施。

工业机械手是实现焊接过程全部自动化的重要途径。在电弧焊接中，应用各种形式的现代化专用机械已经积累了一定的经验。这些较复杂的现代化机械手，能够控制运动的轨迹，可按工艺要求决定电极的位置和运动速度。工业机械手在焊接操作中的应用，将从根本上消除焊接有毒气体和粉尘等对焊工的直接危害。

在保证产品技术条件的前提下，合理的设计与改革施焊材料，是一项重要的卫生防护措施。例如，合理的设计焊接容器结构，可减少以至完全不用容器内部的焊缝，尽可能采用单面焊双面成形的新工艺。这样可以减少或避免在容器内施焊的机会，使操作者减轻受危害的程度。

采用无毒或毒性小的焊接材料代替毒性大的焊接材料，也是预防职业性危害的有效措施。

三、高频电磁辐射防护

为了防止高频振荡器的电磁辐射对作业人员的不良影响与危害，应当采取以下安全防护措施。

1. 工件良好接地

施焊工件良好接地，能降低高频电流，这样可以降低电磁辐射强度。接地点与工件越近，接地作用就越显著，它能将焊枪对地的脉冲高频电位大幅度地降低，从而减小高频感应的不利影响。

2. 降低振荡器频率

在不影响使用的情况下，降低振荡器频率。

3. 减少高频电的作用时间

若振荡器旨在引弧，可以在引弧后的瞬间立即切断振荡器电路。其方法是用延时继电器，于引弧后 10 s 内使振荡器停止工作。

4. 屏蔽把线及软线

因脉冲高频电是通过空间和手把的电容耦合到人体上的，所以加装接地屏蔽能使高频电场局限在屏蔽内，可大大减少对人体的影响。其方法为采用细铜质金属编织软线，套在电缆胶管外面，一端接于焊枪，另一端接地。焊接电缆线也需套上金属编织线。

5. 采用分离式握枪

把原有的普通焊枪，用有机玻璃或电木等绝缘材料另接出一个把柄，也有屏蔽高频电的作用，但效果不如屏蔽把线及导线理想。

6. 降低作业现场的温、湿度

作业现场的环境温度和湿度，与射频辐射对肌体的不良影响具有直接的关系。温度越高，肌体所表现的症状越突出；湿度越大，越不利于人体的散热，也不利于作业人员的身体健康。所以，加强通风降温，控制作业场所的温度和湿度，是减小射频电磁场对肌体影响的一个重要手段。

四、射线防护

对氩弧钎焊的放射性测定结果，一般都低于最高允许浓度。但是在钍钨棒磨尖、修理，特别是储存地点，放射性浓度大大高于焊接地点，可达到或接近最高允许浓度。

由于放射性气溶胶、钍粉尘等进入体内所引起的内照射，将长期危害机体，所以对钍的有害影响应当引起重视，应采取有效的防护措施，防止钍的放射性烟尘进入体内。防护措施主要有以下几种。

1. 综合性防护。如对施焊区实行密闭，用薄金属板制成密闭罩，将焊枪和焊件置于罩内，罩的一侧设有观察防护镜。使有毒气体、金属烟尘及放射性气溶胶等，被最大限度地控制在一定的空间内，通过排气系统和净化装置排到室外。

2. 焊接地点应设有单室，钍钨棒储存地点应固定在地下室封闭式箱内。大量存放时应藏于铁箱里，并安装通风装置。

3. 应备有专用砂轮来磨尖钍钨棒，砂轮机应安装除尘设备。如图 4—4 所示为砂轮机的抽排装置。砂轮机地面上的磨屑要经常作湿式扫除并集中深埋处理。地面、墙壁最好铺设瓷砖或水磨石，以利于清扫污物。

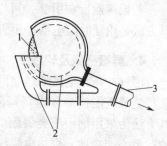

图 4—4　砂轮机抽排装置

1—砂轮　2—抽吸口　3—排出管

4. 选用合理的工艺，避免钍钨棒的过量烧损。

5. 接触钍钨棒后，应用流动水和肥皂洗手，工作服及手套等应经常清洗。

此外，还必须强调加强个人防护，操作者应佩戴铅玻璃眼镜，以保护眼睛的晶状体不受 X 射线损伤。

五、热辐射防护

为了防止有毒气体、粉尘的污染，一般焊接作业现场均设置有全面自然通风与局部机械通风装置，这些装置对降温也起到良好的作用。在锅炉和压力容器与舱室内焊接时，应向这些容器与舱室内不断地输送新鲜空气，以达到降温的目的。送风装置须与通风排污装置结合起来设计，以达到统一排污、降温的目的。

减少或消除容器内部的焊接是防止焊接热污染的主要技术措施。应尽可能采用单面焊双面成形的新工艺，采取单面焊双面成形的新材料，对减少或避免在容器内部的施焊有很好的作用，可使操作人员免除或较少受到热辐射的危害。

将手工焊接工艺改为自动焊接工艺，采取阻挡弧光辐射的方法，同时，也相应地阻挡了热辐射，因而对于防止热污染也是一种很有效的措施。

　　预热焊件时，为避免热污染的危害，可将炽热的金属焊件用石棉板一类的隔热材料遮盖起来，仅仅露出施焊的部分，这在很大程度上减少了热污染，在对预热温度很高的铬钼钢焊接时，以及对某些大面积预热的堆焊等，这是不可缺少的。

　　此外，在工作车间的墙壁上涂覆吸收材料，在必要时设置气幕隔离热源等，都可以起到降温的作用。

第五章　钎焊安全操作训练

作业项目1：焊接作业中的安全用电

一、操作准备

1. 弧焊机及工具

ZX5—650 型直流弧焊机及工具。

2. 焊接辅助用具及劳动保护用品

焊帽、焊钳、焊接电缆及劳动保护用品等。

3. 焊接操作现场

二、操作步骤

1. 工作前要穿戴好劳动保护用品

工作前穿戴好工作服、绝缘手套、绝缘鞋等。绝缘手套不得短于 300 mm，应用较柔软的皮革或帆布制作。绝缘手套是焊工防止触电的基本用具，应保持完好和干燥。

焊工在工作时不应穿有铁钉的鞋或布鞋，因布鞋极易受潮导电。在金属容器里操作时，焊工必须穿绝缘鞋。

工作服为普通电弧焊穿白帆布工作服，而氩弧钎焊、碳弧钎焊则应穿毛料或皮工作服等。

2. 熟知弧焊机的电压、电流值

采用启动器启动的焊机，必须先合上电源开关，再启动焊机。推拉闸刀开关时，必须戴皮手套。同时，焊工的头部需偏斜些，以防电弧火花灼伤脸部。

启动弧焊机后，从液晶显示屏上查看输出电压（即空载电压）、工作电压（焊接时）、焊接电流数值（见图5—1）。

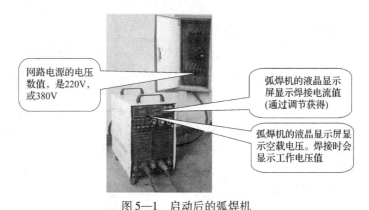

网路电源的电压数值，是220V，或380V

弧焊机的液晶显示屏显示焊接电流值（通过调节获得）

弧焊机的液晶显示屏显示空载电压。焊接时会显示工作电压值

图5—1　启动后的弧焊机

3.　检查焊接电缆

检查焊接电缆外皮和焊钳（或焊枪）的绝缘情况，有无破损（见图5—2），若气体保护焊、等离子弧焊和电阻焊等的焊枪，在供气、供水系统有漏气、漏水现象时，很容易造成安全事故。必须经过安全检查后才可进行工作。

图5—2　检查电缆外皮有无破损

4.　焊接实际操作

（1）接触带电体要注意绝缘

如果操作时不戴手套，手或身体某部位接触到焊钳或焊枪的带电

部分时；碰到裸露而带电的接线头、接线柱、导线、极板及绝缘失效或破皮的电线时；或脚及其他部位对地面或金属结构之间绝缘不好时；在阴雨潮湿的地方焊接时，容易发生触电事故。操作时一定要做好个人安全防护。

（2）接触焊机要防止触电

防止工作现场杂乱，致使金属物如铁丝、铜线、切削的铁屑或小铁管头之类，一端碰到电线头，另一端与焊机外壳或铁心相连而漏电；以及焊机的一次、二次绕组之间绝缘损坏，弧焊机外壳漏电，二次线路又缺乏接地或接零保护，人体碰触弧焊机外壳容易发生触电（见图5—3a）。工作前一定要进行设备安全检查（见图5—3b），确认设备正常才能操作。

a)   b)

图5—3 安全使用弧焊机

a）危险：弧焊机外壳漏电 b）工作前进行设备安全检查

（3）搭接焊接导线要谨慎

焊接电缆线横过马路或通道时，要采取保护措施，如图5—4所示。严禁搭在易燃物品的容器上，以及随意利用金属结构、轨道、管道、暖气设施等作焊接导线电缆。

a)   b)

图5—4 安全合理搭接焊接导线

a）电缆横过马路采取保护措施 b）合理搭接焊接导线

（4）操作过程不忘安全

对于空载电压和工作电压较高的焊接操作，以及在潮湿工作场地操作时，应在工作台附近地面铺上橡胶垫子。特别是在夏天，由于身体出汗后衣服潮湿，不得靠在带电的焊件上施焊。

应避免使用点燃的碳棒端头点烟的坏毛病，以防焊钳、头部与身体、金属结构之间形成电流回路，而造成触电事故。

如果在焊接作业时心不在焉或精神不集中，焊钳触及颈部或身体裸露部位也很容易发生触电事故。

操作过程中，焊钳是带电体，焊钳与焊件短路时，不得启动焊机，以免启动电流过大烧坏焊机。暂停工作时宜将焊钳放在绝缘的地方。

（5）狭小工作场所操作加强防护

在容积小的舱室（如油槽、气柜等化工设备、管道和锅炉等）、金属结构以及其他狭小工作场所焊接时，应使用手提工作行灯，电压分别不应超过 36 V 和 12 V。要有两人轮换工作，以便互相照顾。或设有一名监护人员，随时注意焊工的安全动态，遇有危险征象时，可立即切断电源，如图 5—5 所示。

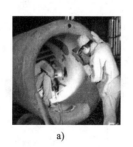 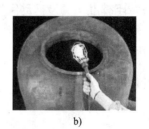

a) b)

图 5—5 容积小的舱室操作

a）设有一名监护人员 b）使用手提工作行灯

（6）焊接结束确保安全

当焊接结束时，清理焊接现场，将焊接电缆和焊钳盘挂在支架上，确保焊钳没有与焊接工位接触，在离开工作场所时，要关闭焊机电源开关，切断总电源，如图 5—6 所示，检查现场确无火种方可离开。

a)   b)

图 5—6　焊接结束时

a) 将电缆、焊钳盘挂在支架上　b) 关闭焊机电源开关

作业项目 2：正确使用钎焊设备

一、操作准备

1. 弧焊机、气瓶及工具

直流弧焊机、氧气瓶、乙炔瓶、氧气、乙炔减压器、焊炬、氧、乙炔胶管。

2. 钎焊用辅助用具及劳动保护用品

焊帽、焊钳、焊接电缆、克丝钳、扳手、打火机、护目镜、通针、劳动保护用品。

3. 钎焊操作现场

二、正确使用焊接设备

1. 检查焊机一次端

（1）焊机必须装有独立的专用电源开关（见图5—7），其容量应符合要求。当焊机超负荷时，应能自动切断电源。禁止多台焊机共用一个电源开关。

（2）焊机必须有防雨雪的防护设施。必须将焊机平稳地安放在通风良好、干燥的地方，不准靠近高热及易燃易爆危险的环境，如图5—8所示。

图5—7　专用电源开关　　图5—8　焊机安放在通风、干燥的地方

（3）焊机后面板连接一根三相380 V电源的三芯电缆，要检查焊机外壳一定安设接地或接零线，连接是否牢靠，如图5—9a所示；并且要查看焊接线路端，各接线点的接触是否良好，如图5—9b所示。

a)

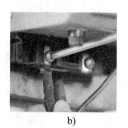

b)

图5—9　焊机的安全检查
a）焊机外壳接地是否牢靠　b）各接线点的接触是否良好

（4）焊机的一次电源线，长度不宜超过2～3 m，当需要较长的电源线时，应沿墙隔离布设，与墙壁之间的距离应大于20 cm，其高度必须距地面2.5 m以上，不允许将电源线拖在地面上。避免弧焊机电源线过长，并跨门而过，如图5—10所示，这种布设方法，一旦电缆被门挤破而漏电，将造成意外事故。

（5）当发生故障时，应立即切断焊机电源，及时进行检修，如图5—11所示。

2. 安全使用弧焊设备

弧焊机作为电弧的供电设备，安装、修理和检查必须由电工进行，焊工不得自己拆修设备。在使用过程中，既要保证焊机的正常运行，防止损坏焊机，又要避免发生人身触电事故。

图5—10　电源线过长，跨门而过

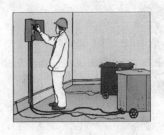

图5—11　有故障切断电源检修

（1）采用启动器启动的焊机，必须先合上电源开关，再启动焊机。推拉闸刀开关时，必须戴皮手套。同时，焊工的头部需偏斜些，以防电弧火花灼伤脸部，如图5—12所示。

图5—12　戴手套推拉闸刀开关

（2）焊钳与焊件短路时，不得启动焊机，以免启动电流过大烧坏焊机。暂停工作时宜将焊钳搁在绝缘的地方。

（3）应按照焊机的额定焊接电流和负载持续率来使用，不要因过载而损坏焊机。

（4）严禁利用厂房的金属结构、管道、轨道或其他金属物料搭接起来作为电缆使用（见图5—13）。应直接将焊接电缆搭设在所焊接的焊件上操作，不能随便用其他不符合要求的物件替代焊接电缆使用。如果利用盛装易燃易爆物的管道、容器等作为焊接回路，或焊接电缆搭设在盛装易燃易爆物的管道、容器上，都将会产生十分危险的后果。

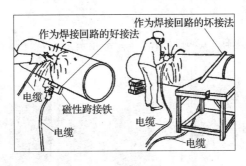

图 5—13　焊接回路引线正误接法

（5）一些操作应切断电源开关才能进行，如改变弧焊机的连接端头；转移工作地点需搬移弧焊机；更换焊件需改接二次回路；更换熔断丝；工作完毕或临时离开工作现场；焊机发生故障需检修（见图 5—14）。

（6）工作完毕或临时离开工作现场时，必须及时拉断焊机的电源（见图 5—15）。

图 5—14　焊机需检修应切断电源　　图 5—15　离开现场拉断电源开关

三、正确使用火焰钎焊设备

1. 正确存放与运输气瓶

（1）气瓶要存放在专用的气瓶库房内。若夏季在室外作业，使用气体时要将气瓶放在阴凉地点或采取防晒措施，避免阳光的强烈照射，如图 5—16 所示。

（2）储运时，气瓶的瓶阀应戴安全帽，防止损坏瓶阀而发生事故，并禁止吊车吊运氧气瓶。气瓶要装防震圈，搬运中应轻装轻卸，避免受到剧烈震动和撞击，尤其乙炔瓶剧烈的震动和撞击，会使瓶内填料下沉形成空洞，影响乙炔的储存甚至造成乙炔瓶爆炸，如图5—17所示。

图5—16　专用的气瓶库　　　　图5—17　气瓶应戴安全帽，储运轻装轻卸

（3）氧气瓶应与其他易燃气瓶、油脂和其他易燃物品分开保存，严禁与乙炔等可燃气体的气瓶混放在一起，必须保证规定的安全距离，如图5—18所示。

2. 正确使用气瓶

（1）现场使用的氧气瓶应尽可能垂直立放，或放置到专用的瓶架上，或放在比较安全的地方，以免跌倒发生事故，如图5—19所示。只有在特殊情况下才允许卧放，但瓶头一端必须垫高，并防止滚动。

图5—18　气瓶要保证安全距离　　　　图5—19　气瓶专用瓶架

乙炔瓶在使用时只能直立放置，不能横放。否则会使瓶内的丙酮流出，甚至会通过减压器流入乙炔胶管和焊炬内，引起燃烧或爆炸。建议氧气瓶与乙炔瓶用小车运送，并且直接放在小车上进行使用，安全可靠，如图5—20所示。

图 5—20　氧气瓶和乙炔瓶专用小车

（2）在使用氧气时，切不可将粘有油迹的衣服、手套和其他带有油脂的工具、物品与氧气瓶阀、氧气减压器、焊炬、割炬、氧气胶管等相接触，如图 5—21 所示。

（3）开启氧气阀门时，要用专用工具，开启速度要缓慢，人应在瓶体一侧且人体和面部应避开出气口及减压器的表盘，应观察压力表指针是否灵活正常。

使用时，如果用手轮按逆时针方向旋转，则开启瓶阀，顺时针旋转则关闭瓶阀。在开启和关闭氧气瓶阀时不要用力过猛，如图 5—22 所示。

图 5—21　氧气不与有油脂的物质接触　　　　图 5—22　开启氧气阀门

（4）安装减压器之前要稍打开氧气瓶阀，吹出瓶嘴污物，以防灰尘和水分带入减压器，气瓶嘴阀开启时应将减压器调节螺栓放松，如图 5—23 所示。

（5）冬季操作瓶阀冰冻时，可用热水或蒸汽加热解冻，严禁敲击和火焰加热，如图 5—24 所示。

图 5—23　放松减压器调节螺栓　　　　图 5—24　热水加热解冻

（6）氧气瓶中的氧气不允许全部用完，剩余压力必须留有 0.1～0.2 MPa，乙炔瓶低压表的读数为 0.01～0.03 MPa，并将阀门拧紧，写上"空瓶"标记；以便充气时便于鉴别气体性质及吹除瓶阀内的杂质，还可以防止使用中可燃气体倒流或空气进入瓶内，如图 5—25 所示。

（7）禁止使用乙炔管道、氧气瓶作试压和气动工具的气源，做与焊接、气割无关的事情，如使用氧气打压充气、用氧气代替压缩空气吹净工作服、将氧气用作通风等不安全的做法，如图 5—26 所示。

图 5—25　氧气必须留有剩余压力　　　图 5—26　不允许用氧气
　　　　　　　　　　　　　　　　　　　　　　　　　打压充气

（8）气瓶在使用过程中必须根据规定进行定期技术检验。检验单位必须在气瓶肩部规定的位置打上检验单位代号、本次检验日期和下次检验日期的钢印标记，如图 5—27a 所示。报废的气瓶不准使用，如图 5—27b 所示。

a)   b)

图 5—27 定期技术检验

a）打印检验代号 b）报废气瓶不准用

作业项目 3：触电现场急救

焊工在地面、水下和高空作业，发生触电事故，要立即抢救。触电者的生命是否能得救，在绝大多数情况下，取决于能否迅速脱离电源和救护是否得法。拖延时间，动作迟缓和救护方法不当，都可能造成死亡。

一、模拟救治现场

1. 人员分工：有专业救护指导人员、救治人员、被救治人员。
2. 模拟触电现场和救护现场。

二、触电现场急救

1. 使触电者迅速脱离电源

当发生触电事故，应先使触电者迅速脱离电源，方法为：立即拉下电源开关或拔掉电源插头；无法找到或不能及时断开电源时，可用干燥的木棒、竹竿等绝缘物挑开电源线。

遇到触电事故，急于解救触电者，慌乱之下，没有采取任何措施，直接用手触摸触电者，这种做法是十分危险的，如图 5—28 所示。

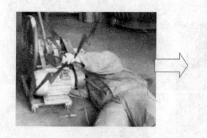 

图 5—28　没有切断电源，急于解救触电者

2. 对触电人员紧急救治

操作者触电脱离电源后，应根据触电者的具体情况，迅速对症救治。

一般情况下采用人工氧合，即用人工的方法恢复心脏跳动和呼、吸二者之间相互配合的救治。人工氧合包括人工呼吸和心脏挤压（即胸外心脏按压）两种方法。

触电者需要救治的，按以下三种情况分别处理。

（1）对症救治

第一步，如果触电者伤势不重，神志清醒，但有些心慌、四肢发麻、全身无力，或者触电者在触电过程中曾一度昏迷，但已清醒过来，应使触电者安静休息，不要走动，严密观察并请医生前来就诊或送往医院，如图 5—29 所示。

第二步，如果触电者伤势较重，已失去知觉，但心脏跳动和呼吸还存在，应使触电者舒适、安静地平卧，保持环境空气流通，解开衣服，以利于呼吸，如天气寒冷，要注意保温。并速请医生诊治或送往医院。如果发现触电者呼吸困难或发生痉挛，应立即施行人工氧合（即包括人工呼吸和胸外心脏挤压法），如图 5—30 所示。

第三步，如果触电者伤势严重，呼吸停止或心脏跳动停止，或心脏跳动和呼吸都已停止，应立即施行人工氧合，并迅速请医生诊治或送往医院。

应当注意，急救要尽快地进行，不能

图 5—29

等候医生的到来，在送往医院的途中，也不能中止急救，如图5—31所示。

图5—30

图5—31

（2）人工呼吸法

人工呼吸是在触电者呼吸停止后应用的急救方法。

采用口对口（鼻）人工呼吸法，应使触电者仰卧，头部尽量后仰，鼻孔朝天，下颚尖部与前胸部大致保持在一条水平线上。触电者颈部下方可以垫起，但不可在其头部下方垫放枕头或其他物品，以免堵塞呼吸道。

口对口（鼻）人工呼吸法的操作步骤如下。

第一步，将触电者头部侧向一边，张开其嘴，清除口中血块、假牙、呕吐物等异物，使呼吸道畅通，同时解开衣领，松开紧身衣着，以排除影响胸部自然扩张的障碍，如图5—32所示。

第二步，使触电者鼻孔（或口）紧闭，救护人深吸一口气后紧贴触电者的口（或鼻）向内吹气，为时约2 s，如图5—33所示。

第三步，吹气完毕，立即离开触电者的口（或鼻），并松开触电者的鼻孔（或嘴唇），让其自行呼气，为时约3 s，如图5—34所示。如发现触电者胃部充气鼓胀，可一面用手轻轻加压于其上腹部，一面继续吹气和换气。如果实在无法使触电者把口张开，可用口对鼻人工呼吸法。触电者如系儿童，只可小口吹气，以免肺泡破裂。

图5—32

图 5—33

图 5—34

（3）心脏挤压法

心脏挤压法是触电者心脏停上跳动后的急救方法。

施行心脏挤压应使触电者仰卧在比较坚实的地面上，姿势与口对口（鼻）人工呼吸法相同。操作方法如下。

第一步，救护人跪在触电者腰部一侧，或者骑跪在其身上，两手相叠，手掌根部放在心窝稍高一点的地方，即两乳头间略下一点，胸骨下三分之一处，掌根用力向下（垂直用力，向脊椎方向）挤压，压出心脏里面的血液。对成人应压陷 3~4 cm，以每秒钟挤压一次、每分钟挤压 60 次为宜，如图 5—35 所示。

第二步，挤压后，掌根迅速全部放松，让触电者胸廓自动复原，血液充满心脏，放松时掌根不必离开胸廓，如图 5—36 所示。

触电者如系儿童，可以只用一只手挤压，用力要轻一些，以免损伤胸骨，而且每分钟宜挤压 100 次左右。

图 5—35

图 5—36

心脏跳动和呼吸是互相联系的。心脏跳动停止了，呼吸很快就会停止；呼吸停止了，心脏跳动也维持不了多久。一旦呼吸和心脏跳动都停止了，应当同时进行口对口（鼻）人工呼吸和胸外心脏挤压。如果现场仅一个人抢救，两种方法应交替进行，每吹气 2~3 次，再挤压 10~15 次。

作业项目4：作业中火灾、爆炸事故的防范

一、操作准备

1. 钎焊设备、工具及劳动保护用品

直流弧焊机，火焰钎焊设备及焊帽、焊钳、扳手、打火机、护目镜及劳动保护用品。

2. 准备消防器材

泡沫灭火器、二氧化碳灭火器、干粉灭火器等。保证灭火器材有效可用。

3. 人员组织

除现场操作人员外，在作业现场，派专人监视火警，积极防范。

4. 钎焊操作现场

二、严格执行用火制度

在化工生产企业钎焊用火，应经本单位安技部门、保卫部门检查同意后，方能进行焊接作业。并应根据消防需要，配备足够数量的灭火器材（见图5—37），要检查灭火器材的有效期限，保证灭火器材有效可用。

图5—37　灭火器材

三、动火操作人员必须持有动火证

凡是常去石油化工区、煤气站、油库区等危险区域的焊接人员，必须经过安全技术培训，并于考试合格后，方能独立作业。凡需在禁火区和危险区工作的焊工，必须持有动火证（见图5—38）和出入证，否则不得在上述范围从事动火作业。

a)   b)

图5—38　操作人员必须持有动火证
a) 办理动火证　b) 检查动火证

四、钎焊作业的安全防范

1. 在进行火焰钎焊作业时，要仔细检查瓶阀、减压阀和胶管，不能有漏气现象，拧装和拆取阀门都要严格按操作规程进行。

2. 离火焰钎焊处10 m范围内不应有有机灰尘、垃圾、木屑、棉纱、草袋等及石油、汽油、油漆等。如不能及时清除，应用水喷湿，或盖上石棉板、石棉布、湿麻袋隔绝火星，即采取可靠安全措施后才能进行操作。工作地点通道的宽度不得小于1 m。

3. 在进行焊接作业时，应注意如电流过大而导线包皮破损会产生大量热量，或者接头处接触不良均易引起火灾。因此作业前应仔细检查，并做好包扎，如图5—39所示。

4. 应该注意在焊接管道、设备时，热传导能导致另一端易燃易爆物品发生火灾爆炸，所以在作业前要仔细检查，对另一端的危险物品予以清除。

5. 不得在储存汽油、煤油、挥发性油脂等易燃易爆物品（见图5—40）的场所进行焊接作业。

图 5—39　包扎破损的焊接电缆

6.　不准直接在木板、木板地上进行焊接。如必须进行时，要用铁板把工作物垫起，并必须携带防火水桶，以防火花飞溅造成火灾。

7.　焊接管子时，要把管子两端打开，不准堵塞。管子两端不准接触易燃物或有人工作。在金属容器内施焊时，如锅炉、水箱、槽车、船舶、化工容器等，须打开所有孔盖，以利于通风，必要时，还可增设通风装置、加设盲板等。

8.　在隧道、沉井、坑道、管道、井下、地坑及其他狭窄地点进行焊接时，必须事先检查其内部是否有可燃气体及其他易燃易爆物品。如有上述气体或物质，则必须采取有效措施予以排除，如采取局部通风等。进入内部操作之前，应按有关测试方法做测试试验，确认合格后再开始操作。

9.　凡新制造的产品，如管道、油罐、轮船、机车车辆以及其他交付的产品，在油漆未干之前（见图5—41），不许进行焊接操作，以防周围空气中有挥发性气体而发生火灾。

图 5—40　不得在易燃易爆
的油管处焊接

图 5—41　油漆未干之前不许焊接
与切割操作

10. 化工设备的保温层，有些是采用沥青胶合木、玻璃纤维、泡沫塑料等易燃物品。焊接之前，应将距操作处 1.5 m 范围内的保温层拆除干净，并用遮挡板隔离以防飞溅火花落到附近的易燃保温层上。

11. 弧焊机要有牢固的接地装置，导线要有足够的截面，严禁超过安全电流负荷量，要有合适的保险装置。熔断丝严禁用铜丝或铁丝代替。开关插座的安装使用必须符合要求。

12. 焊接回路地线不可乱接乱搭，以防接触不良。同时要做到电线与电线、电线与开关等设备连接处的接头，必须符合要求，以防接触电阻过大造成火灾。

13. 焊接中如发现弧焊机漏电、皮管漏气或闻到有焦煳味等异常情况时，应立即停止操作进行检查。

14. 焊接工作结束时，要立即拉闸断电，并认真检查，特别是对有易燃易爆物或填有可燃物隔热层的场所，一定要彻底检查，将火熄灭。

作业项目 5：火灾现场的紧急扑救

一、操作准备

1. 准备消防器材

准备若干泡沫灭火器、二氧化碳灭火器、干粉灭火器、1211 灭火器（见图 5—42）。

图 5—42　灭火器

a）泡沫灭火器　b）二氧化碳灭火器　c）干粉灭火器　d）1211 灭火器

2. 模拟发生火灾和爆炸的现场

（1）准备导致油类起火的物质。

（2）引致电器设备着火的器件。

（3）安全空旷的场地。

3. 组织火灾现场的紧急扑救

专业火灾救护指导人员、医护人员、参加火灾扑救人员等。

二、油类物质着火的扑救

当油类物质着火时，可用泡沫灭火器，要沿容器壁喷射，让泡沫逐渐覆盖油面，使火熄灭，不要直接对着油面，以防油质溅出。

泡沫灭火器的使用方法：可手提筒体上部的提环，迅速奔赴火场。这时应注意不得使灭火器过分倾斜，更不可横拿或颠倒，以免两种药剂混合而提前喷出。当距离着火点 8 m 左右，即可将筒体颠倒过来，一只手紧握提环，另一只手扶住筒体的底圈，将射流对准燃烧物，如图 5—43 所示。

在扑救可燃液体火灾时，如已呈流淌状燃烧，则将泡沫由远而近喷射，使泡沫完全覆盖在燃烧液面上；如在容器内燃烧，应将泡沫射向容器的内壁，使泡沫沿着内壁流淌，逐步覆盖着火液面。切忌直接对准液面喷射，以免由于射流的冲击，反而将燃烧的液体冲散或冲出容器，扩大燃烧范围。在扑救固体物质火灾时，应将射流对准燃烧最猛烈处。灭火时随着有效喷射距离的缩短，使用者应逐渐向燃烧区靠近，并始终将泡沫喷在燃烧物上，直到扑灭。使用时，灭火器应始终保持倒置状态，否则会中断喷射。

三、电器设备着火的扑救

当电器设备着火时，首先要拉闸断电，然后再灭火。在未断电以前不能用水或泡沫灭火器灭火，只能用干粉灭火器、二氧化碳灭火器或 1211 灭火器扑救，因为用水或泡沫灭火器容易触电伤人。

（1）干粉灭火器灭火

干粉灭火器的使用方法是：可手提或肩扛灭火器快速奔赴火场，在

1. 右手握着压把，左手托着灭火器底部，轻轻地取下灭火器

2. 右手提着灭火器到现场

3. 右手捂住喷嘴，左手执筒底边缘

4. 把灭火器颠倒过来呈垂直状态，用劲上下晃动几下，然后放开喷嘴

5. 右手抓筒耳，左手抓筒底边缘，把喷嘴朝向燃烧区，站在离火源8m的地方喷射，并不断前进，兜围着火焰喷射，直至将火扑灭

6. 灭火后，将灭火器卧放在地上，喷嘴朝下

图5—43　泡沫灭火器灭火操作示意图

距燃烧处 5 m 左右放下灭火器。如在室外，应选择在上风方向喷射。使用的干粉灭火器若是外挂式，操作者应一只手紧握喷枪，另一只手提起储气瓶上的开启提环。如果储气瓶的开启是手轮式的，则向逆时针方向旋开，并旋到最高位置，随即提起灭火器。当干粉喷出后，迅

速对准火焰的根部扫射。使用的干粉灭火器若是内置式储气瓶的或者是储压式的，操作者应先将开启把上的保险销拔下，然后握住喷射软管前端喷嘴部，另一只手将开启压把压下，打开灭火器进行灭火。有喷射软管的灭火器或储压式灭火器在使用时，一只手应始终压下压把，不能放开，否则会中断喷射，如图5—44所示。

1. 右手握着压把，左手托着灭火器底部，轻轻地取下灭火器

2. 右手提着灭火器到现场

3. 除掉铅封

4. 拔掉保险销

5. 左手拿着喷管，右手提着压把

6. 在距火焰2m的地方，右手用力压下压把，左手拿着喷管左右摆动，喷管干粉覆盖整个燃烧区

图5—44　干粉灭火器灭火操作示意图

干粉灭火器扑救可燃、易燃液体火灾时，应对准火焰根部扫射，如果被扑救的液体火灾呈流淌燃烧时，应对准火焰根部由近而远。并左右扫射，直至把火焰全部扑灭。

如果可燃液体在容器内燃烧，使用者应对准火焰根部左右晃动扫射。使喷射出的干粉流覆盖整个容器开口表面；当火焰被赶出容器时，使用者仍应继续喷射，直至将火焰全部扑灭。

在扑救容器内可燃液体火灾时，应注意不能将喷嘴直接对准液面喷射，防止喷流的冲击力使可燃液体溅出而扩大火势，造成灭火困难。

如果当可燃液体在金属容器中燃烧时间过长，容器的壁温已高于扑救可燃液体的自燃点，此时，极易造成灭火后再复燃的现象，若与泡沫类灭火器联用，则灭火效果更佳。

使用磷酸铵盐干粉灭火器扑救固体可燃物火灾时，应对准燃烧最猛烈处喷射，并上下、左右扫射。如条件许可，使用者可提着灭火器沿着燃烧物的四周边走边喷，使干粉灭火剂均匀地喷在燃烧物的表面，直至将火焰全部扑灭。

（2）二氧化碳灭火器灭火

使用二氧化碳灭火器灭火时，应将其提到或扛到火场，在距燃烧物 2 m 左右，放下灭火器拔出保险销，一只手握住喇叭筒根部的手柄，另一只手紧握启闭阀的压把。对没有喷射软管的二氧化碳灭火器，应把喇叭筒往上扳 70°~90°。使用时，不能直接用手抓住喇叭筒外壁或金属连线管，防止手被冻伤。灭火时，当可燃液体呈流淌状燃烧时，使用者应将二氧化碳灭火剂的喷流由近而远向火焰喷射。如果可燃液体在容器内燃烧时，使用者应将喇叭筒提起，从容器的一侧上部向燃烧的容器中喷射。但不能将二氧化碳射流直接冲击可燃液面，以防止将可燃液体冲出容器而扩大火势，造成灭火困难，如图5—45所示。

（3）1211灭火器灭火

使用1211灭火器灭火时，用手提灭火器的提把，将灭火器带到火场。在距燃烧处 5 m 左右，放下灭火器，先拔出保险销，一只手握住开启把，另一只手握在喷射软管前端的喷嘴处。如灭火器无喷射软管，可一只手握住开启压把，另一只手扶住灭火器底部的底圈部分。先将喷嘴对准燃烧处，用力握紧开启压把，使灭火器喷射。当被扑救可燃

1. 用手握着压把

2. 用右手提着灭火器到现场

3. 除掉铅封

4. 拔掉保险销

5. 站在距火源2m的地方左手拿着
喇叭筒，右手用力压下压把

6. 对着火焰根部喷射，并不断推进，
直至将火焰扑灭

图5—45　二氧化碳灭火器灭火操作示意

烧液体呈流淌状燃烧时，使用者应对准火焰根部由近而远并左右扫射，向前快速推进，直至火焰全部扑灭。

如果可燃液体在容器中燃烧，应对准火焰左右晃动扫射，当火焰被赶出容器时，喷射流跟着火焰扫射，直至把火焰全部扑灭。

但应注意不能将喷射流直接喷射在燃烧液面上，防止灭火剂的冲力将可燃液体冲出容器而扩大火势，造成灭火困难。如果扑救可燃性固体物质的初起火灾时，则将喷射流对准燃烧最猛烈处喷射，当火焰被扑灭后，应及时采取措施，不让其复燃。

　　1211 灭火器使用时不能颠倒，也不能横卧，否则灭火剂会喷出。另外在室外使用时，应选择在上风方向喷射；在窄小的室内灭火时，灭火后操作者应迅速撤离，因 1211 灭火剂也有一定的毒性，以防其对人体造成伤害。

作业项目 6：现场弧光、烟尘、有毒气体、射线等防护

一、准备防护装置和用品

1. 个人防护用品

　　电动式送风头盔、焊接护目镜、防尘口罩和防毒面具及劳动防护用品，如图 5—46 所示。

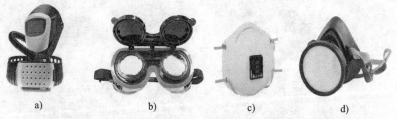

图 5—46　个人防护用品

a）电动式送风头盔　b）焊接护目镜　　c）防尘口罩　d）防毒面具

2. 设置排烟系统和通风装置及钨极磨削砂轮机（见图 5—47）

图 5—47　防护装置

a）具有排烟系统的操作现场　b）通风装置　c）钨极磨削砂轮机

二、劳动防护用品的正确使用

1. 穿工作服时要把衣领和袖口扣好，上衣不应扎在工作裤里边，裤腿不应塞到鞋里面，工作服不应有破损、孔洞和缝隙，不允许沾有油脂或穿潮湿的工作服。

2. 在焊接操作时，为了防止火星、熔渣从高处溅落到头部和肩上，焊工应在颈部围毛巾，头上戴隔热帽，穿着用防燃材料制成的护肩、长套袖、围裙和鞋盖。

3. 采用输入式头盔或送风头盔时，应经常使口罩内保持适当的正压。若在寒冷季节，应将空气适当加温后再供人使用（见图5—48）。

图5—48　电动式送风头盔的使用

4. 佩戴各种耳塞时，要将塞帽部分轻轻推入外耳道内，使它和耳道贴合，不要用力太猛和塞得太紧。

三、现场劳动卫生防护

1. 弧光辐射的防护

正确选择焊接防护面罩上护目镜的遮光号以及火焰钎焊用的防护镜的眼镜片。进行电弧钎焊操作时，为了防止强烈弧光和高温对眼睛和面部的伤害，都应戴上配有特殊护目玻璃的防护面罩或专用遮光屏，如图5—49所示。

2. 焊接烟尘和有毒气体的防护

（1）焊接作业人员进入容器内应戴有化学过滤的呼吸面具，包括送风防护面罩（见图5—50）和个人送风封闭头盔。

（2）夏季进行操作时，特别是在狭小的工作场地和容器中操作，在烟尘、高温的环境下，操作者的工作条件较差，可采取局部送风，把新鲜空气送

图5—49　弧光辐射的防护

入焊接工作地带。目前，生产上多采用通风装置直接吹散电焊烟尘和有毒气体的送风方法，如图5—51所示。

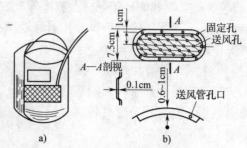

图5—50 送风式焊接面罩

a）外形图 b）结构尺寸图

图5—51 采取通风排烟措施

（3）焊接工作地局部排烟是效果较好的焊接通风措施，有关部门正在积极推广，这种固定式排风系统的结构如图5—52所示。局部排烟罩是用来捕集焊接烟尘和有毒气体，为防止大气污染而设置的净化设备。

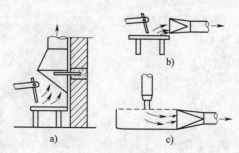

图5—52 固定式局部排烟罩

a）上抽 b）侧抽 c）下抽

（4）焊接车间全面通风是焊接车间排放焊接烟尘和有毒气体经常采用的措施，有上抽排烟、下抽排烟和侧抽排烟三种类型，如图5—53所示。

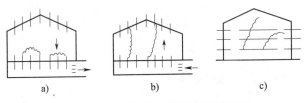

图5—53　焊接车间全面通风示意图

a）下抽排烟　b）上抽排烟　c）侧抽排烟

3. 射线的防护

钍钨棒磨削应考虑到钍有放射性的有害影响。

在钍钨棒磨削，特别是储存地点，放射性浓度大大高于焊接地点，可达到或接近最高容许浓度。因此，对钍的有害影响应当引起重视，应采取有效的防护措施，防止钍的放射性烟尘进入体内。钍钨棒储存地点应固定在地下室封闭式箱内。大量存放时应藏于铁箱里，并安装通风装置。

应备有专用砂轮来磨尖钍钨棒，砂轮机应安装除尘设备。

接触钍钨棒后，应用流动水和肥皂洗手，工作服及手套等应经常清洗。

作业项目 7：现场安全性检查及不安全因素的排查

施工现场各类易发事故归结起来，主要是人、物、环境三大要素。人的因素包含焊工本人、现场其他工种人员、管理人员，这三类人员的不安全行为会造成施工现场混乱或直接给焊工带来危害。物的因素包含焊接作业所涉及的设备、工具、材料、构件、防护用品，这些物的不安全状态构成了危害因素。环境因素主要是指高空作业、交叉作业、恶劣的作业环境等这类操作现场的环境；其次是项目管理水平这种软环境，项目管理混乱，会直接带来事故，对焊工造成危害。

　　因此，在实施钎焊作业过程中，除加强个人防护外，还必须严格执行焊接安全规程，加强对焊接场地、设备、工夹具进行安全检查，排查不安全的因素，以避免人身伤害及财产损失。

一、焊接场地、设备安全检查

　　1. 检查焊接作业场地的设备、工具、材料是否排列整齐，不得乱堆乱放，多点焊接作业或与其他工种混合作业时，工位间应设防护屏（见图5—54）。

　　2. 检查焊接场地是否保持必要的通道（见图5—55），且车辆通道宽度不小于3 m；人行道宽度不小于1.5 m。

图5—54　作业场地设防护屏　　图5—55　作业场地保持必要的通道

　　3. 检查所有火焰钎焊用胶管、电弧钎焊用焊接电缆线是否互相缠绕，如有缠绕，必须分开；气瓶用后是否已移出工作场地；在工作场地各种气瓶不得随便横躺竖放（见图5—56）。

　　4. 检查焊工作地面积是否足够，每名焊工作业面积不应小于4 m²；地面应干燥；工作场地要有良好的自然采光或局部照明（见图5—57）。

图5—56　避免工作场地杂乱　　图5—57　良好的工作场所

5. 检查焊接场地的设备及材料应有序摆放（见图5—58），周围10 m范围内各类可燃易爆物品是否清除干净。如不能清除干净，应采取可靠的安全措施，如用水喷湿或用防火盖板、湿麻袋、石棉布等覆盖。

6. 室外作业要检查操作现场，应确保无爆炸和中毒危险，应该用仪器（如测爆仪、有毒气体分析仪）进行检查分析（见图5—59），禁止用明火及其他不安全的方法进行检查。对附近敞开的孔洞和地沟，应用石棉板盖严，防止火花进入。

图5—58　焊接场地摆放有序　　　图5—59　用有毒气体分析仪进行检查

7. 施焊人员必须持证上岗（见图5—60），凡属于有动火审批手续者，手续不全，并且不了解焊接现场周围情况，不能盲目进行焊接作业。

8. 对盛装过可燃气体、液体、有毒物质的各种容器，未经彻底清洗，并且不了解焊件内部是否安全时，不能进行焊接作业（见图5—61）。

图5—60　监察动火审批手续　　　图5—61　焊接容器须谨慎

二、工夹具的安全检查

为了保证焊工的安全，在焊接前应对所使用的工具、夹具进行检查。

1. 焊钳

焊接前应检查焊钳与焊接电缆接头处是否牢固。如果两者接触不牢固，焊接时将影响电流的传导，甚至会打火花。另外，接触不良将使接头处产生较大的接触电阻，造成焊钳发热、变烫，影响焊工的操作。

2. 面罩和护目镜片

主要检查面罩和护目镜是否遮挡严密，有无漏光的现象。

3. 角向磨光机

要检查砂轮转动是否正常，有无漏电的现象（见图5—62）；砂轮片是否紧固牢靠，是否有裂纹、破损，要杜绝使用过程中砂轮碎片飞出伤人。

图5—62 检查角向磨光机是否正常

第六章　火焰钎焊安全

第一节　火焰钎焊原理及安全特点

一、火焰钎焊原理

利用可燃气体与氧气（或压缩空气）混合燃烧所形成的火焰进行加热的钎焊方法，称为火焰钎焊，如图6—1所示。

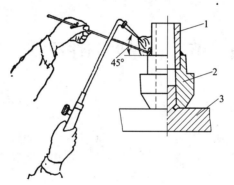

图6—1　火焰钎焊
1—导管　2—套接接头　3—平台

火焰钎焊时，将钎剂溶液预先涂在接头表面上或者先将钎料棒加热，蘸以钎剂，再带到加热了的接头表面。钎焊时应先将焊件均匀地加热到钎焊温度（否则钎料不能均匀地填充间隙），然后再加钎料（钎料可预先安置或手工送进），待钎剂熔化后先去除钎焊处的氧化膜，然后熔化的钎料流入接头间隙，冷凝后即形成接头。

对于预置钎料的接头，也应先加热焊件，避免因火焰与钎料直接接触，使其过早熔化。以软钎料进行钎焊时，可采用喷灯来加热。

二、火焰钎焊安全特点

火焰钎焊所应用的乙炔、丙烷和氧气等都是易燃易爆气体，氧气瓶、乙炔瓶、液化石油气瓶属于压力容器。在操作过程中又使用的是明火，如果焊接设备不完善，或者违反安全操作规程，就有可能造成爆炸和火灾事故。

在火焰钎焊时，火焰温度高达 3 000℃以上，被钎焊金属在高温作用下蒸发成金属烟尘。在焊接镁、铅、铜等有色金属及其合金时，除了这些金属的蒸气以外，焊粉还散发出氯盐和氟盐的燃烧产物，黄铜的焊接过程散发大量锌蒸气，铅的焊接过程中散发铅和氧化铅蒸气等有害物质，容易造成焊工中毒。

火焰钎焊过程中，可燃气体与氧气混合燃烧所形成的火焰，在对焊件钎焊时会产生火星、熔珠四处飞溅，容易造成灼烫事故。若遇到易燃易爆物品，还会发生火灾和爆炸。

第二节　钎焊火焰性质及选择

一、钎焊火焰的性质

火焰钎焊一般采用的是氧与乙炔（或液化石油气）混合燃烧所形成的火焰。其外形、构造及火焰的温度分布与氧气和乙炔的混合比有关。

根据氧与乙炔混合比的大小不同，可得到三种不同性质的火焰，即中性焰、碳化焰和氧化焰，其构造、形状和成分如图6—2所示。

1. 中性焰

中性焰是氧与乙炔混合比为1.1～1.2时燃烧所形成的火焰。在一次燃烧（可燃气体与氧气预先按一定比例混合好的混合气体的燃烧）区内既无过量的氧，也无游离的碳。中性焰是乙炔和氧气量比例相适应的火焰。

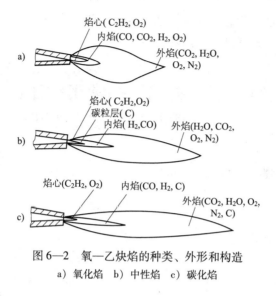

图6—2 氧—乙炔焰的种类、外形和构造
a）氧化焰 b）中性焰 c）碳化焰

2. 碳化焰

碳化焰是氧与乙炔的混合比小于1.1时燃烧所形成的火焰。因有过剩的乙炔存在，在火焰高温作用下分解出游离碳，在焰心周围出现了呈淡白色的内焰，其长度比焰心长1~2倍，是一个明显可见的富碳区。

3. 氧化焰

氧化焰是氧与乙炔混合比大于1.2时燃烧所形成的火焰。氧化焰中有过量的氧，在尖形焰心外面形成一个有氧化性的富氧区。对于一般的碳钢和有色金属，很少采用氧化焰，钎焊黄铜时，采用含硅的钎料，氧化焰会使熔池表层形成硅的氧化膜，可减少锌的蒸发。

二、钎焊火焰的选择

中性焰适用于低碳钢、中碳钢、低合金钢、不锈钢、紫铜、锡青铜及灰铸铁等材料的焊接。碳化焰具有较强的还原作用，也有一定的渗碳作用。轻微碳化焰适用于高碳钢、铸铁、高速钢、硬质合金等材料的焊接。一般选择中性焰或轻微碳化焰，以避免钎焊母材及钎料产生氧化的不利影响。

钎焊黄铜、锰黄铜等金属材料时，选择轻微的氧化焰，可在钎料表面形成一层氧化膜，防止锌的蒸发。另外，用于钎焊的氧与乙炔焰温度较高，可选择外焰来加热焊件。

第三节　火焰钎焊常用气体性质及使用安全要求

火焰钎焊常用的气体主要有氧气、乙炔和液化石油气等。

一、氧气

1. 氧气的性质

氧（O_2）在标准状态下（0℃，9.8×10^4 Pa）是一种无色、无味、无毒的气体，密度为 1.43 kg/m^3（空气为 1.29 kg/m^3）。1 标准大气压下温度降至 -182.96℃时，氧由气态变为蓝色的液态，在 -218.4℃时成为固体。

氧气不是可燃气体，但它是一种化学性质极为活泼的助燃气体，能使其他的可燃物质发生剧烈燃烧（氧化），并能同许多元素化合生成氧化物。氧是人类呼吸必需的气体，在空气中正常氧含量约为21%，如低于18%则为缺氧。

2. 压缩纯氧的危险性

工业用气体氧的纯度一般分为两级：一级纯度不低于 99.2%；二级纯度不低于 99.5%。

增加氧的纯度和压力会使氧化反应显著加剧。金属的燃点随着氧气压力的增高而降低，见表6—1。

表6—1　　　　　　　　　　金属的着火温度　　　　　　　　　　℃

金属名称	氧气压力/MPa				
	1	10	35	70	126
铜	1 085	1 050	905	835	780
低合金钢	950	920	825	740	630
软钢	—	1 277	1 104	1 018	944

乙炔和液化石油气只有在纯氧中燃烧才能达到最高温度，因此，气压焊必须选用高纯度氧气，否则会影响燃烧效率。但是值得注意的是高浓度氧易引发火灾事故，织物在高浓度氧的环境下燃烧极快，比在正常空气情况下要快得多，且烧伤伤口不好治愈。高压氧气与油脂、炭粉等易燃物接触，会引起自燃和爆炸。

使用氧气时，尤其在压缩状态下，必须仔细地注意，不要使其与易燃的物质相接触，否则会受到剧烈的氧化而升温、积热从而发生自燃，构成火灾或爆炸。特别是氧气瓶的瓶嘴、氧气表、氧气胶管、焊炬、割炬等不可沾染油脂。

氧气几乎能与所有可燃性气体和蒸气混合而形成爆炸性混合物，这种混合物具有较宽的爆炸极限的范围。多孔性有机物质（炭、炭黑、泥炭、羊毛纤维等）浸透了液态氧（所谓液态炸药），在一定的冲击下，就会产生剧烈爆炸。

3. 氧气使用的安全要求

（1）严禁用氧气作为通风换气的气体。

（2）严禁用氧气作为气动工具动力源。

（3）氧气瓶、氧气管道等器具严禁与油脂接触。

（4）禁止用氧气来吹扫工作服。

二、乙炔

1. 乙炔的性质

乙炔（C_2H_2）是一种未饱和的碳氢化合物，化学式为 C_2H_2，结构简式为 $HC\equiv CH$，具有较高的键能，化学性质非常活泼，容易发生加成、聚合和取代等各种反应。在常温常压下，乙炔是一种高热值的容易燃烧和爆炸的气体。

标准状态下密度为 $1.17\ kg/m^3$。纯乙炔为无色、无味气体，工业用乙炔因含有硫化氢（H_2S）和磷化氢（H_3P）等杂质，故有特殊臭味。乙炔中毒主要是损伤人的中枢神经系统。

2. 乙炔的危险性

（1）与氢气、一氧化碳、丙烷、丁烷等相比，乙炔的发热量较高

（52 753 J/L）。乙炔与空气混合燃烧时所产生的火焰温度为 2 350℃，而与氧气混合燃烧的火焰温度可达 3 000 ~ 3 300℃。

（2）乙炔与空气或氧气混合时易引发氧化爆炸。乙炔与空气混合时，爆炸极限为 2.2% ~ 81%（指乙炔在混合气体中占有的体积），自燃温度为 305℃；而与氧气混合时，爆炸极限为 2.8% ~ 93%，自燃温度为 300℃。

由此可知，乙炔爆炸极限下限低，爆炸极限范围大，自燃温度低，在 200 ~ 300℃时会发生聚合反应并放出热量，燃烧和回火速度快（在空气中燃烧速度为 4.7 m/s，在氧气中为 7.5 m/s），与铜或银及其盐类长期接触会生成极易爆炸的乙炔铜、乙炔银，所以乙炔的危险性比较大。

（3）在一定压力下，只要温度适宜，乙炔即发生分解爆炸。当乙炔压力为 0.15 MPa、温度达 580℃时，乙炔便开始分解爆炸。压力越高，乙炔分解爆炸所需的温度越低。有关实验发现，当气体压力压缩到 0.18 MPa 以上时，乙炔完全分解爆炸。因此，乙炔不能压缩成氧气那样的高压。根据这一点，国家有关标准规定，乙炔最高工作压力禁止超过 0.147 MPa（表压）。

（4）乙炔与铜、银等金属或其他盐类长期接触，会生成乙炔铜和乙炔银等爆炸性化合物，当受到震动、摩擦、冲击或加热时便会发生爆炸。

（5）乙炔能溶于水，但在丙酮等有机液中溶解度较大。在 15℃、0.1 MPa 时，1 L 丙酮能溶解 23 L 乙炔。当压力为 1.42 MPa 时，1 L 丙酮可溶解乙炔约 400 L。

乙炔溶解在液体中，会大大降低乙炔的爆炸性。利用这一特性，将乙炔溶解于丙酮中而成为"溶解乙炔"，可使其在 1.47 MPa 的压力下仍能安全工作。这大大方便了乙炔的储存、运送和使用。目前普遍使用的瓶装乙炔，就是这种溶解乙炔。

（6）乙炔的爆炸性与储存乙炔的容器形状、大小有关。容器直径越小，越不容易爆炸。将乙炔储存在毛细管及微细小孔中，由于阻力和散热表面积大，会大大降低爆炸性，即使压力达到 2.65 MPa 也不会爆炸。

3. 乙炔使用的安全要求

（1）利用乙炔的爆炸性与储存乙炔的容器形状、大小有关的特性，乙炔瓶内装有多孔填料，同时乙炔储存在毛细管及微细小孔中，可大大降低其爆炸性。

（2）禁止使用紫铜、银或铜含量超过70%的铜合金制造与乙炔接触的仪表、管道等有关零件。另外，乙炔燃烧时，严禁用四氯化碳灭火。

（3）在作业过程中乙炔瓶必须直立使用和存放。严禁将乙炔瓶卧倒使用，否则会导致瓶内丙酮大量外溢（瓶内充装的丙酮是有限的）而使乙炔不能完全溶解，很有可能会因此而发生乙炔分解爆炸。

三、液化石油气

1. 液化石油气的性质

液化石油气是油田开发或炼油厂石油裂解的副产品，其主要成分是丙烷（C_3H_3）、丁烷（C_4H_{10}）、丙烯（C_3H_6）、丁烯（C_4H_8）和少量的乙烷（C_2H_6）、乙烯（C_2H_4）等碳氢化合物。工业上使用的液化石油气，是一种略带臭味的无色气体。在标准状态下，其密度为 $1.8 \sim 2.5$ kg/m^3，比空气重。

液化石油气在 $0.8 \sim 1.5$ MPa 的压力下，即由气态转化为液态，便于装入瓶内储存和运输。

2. 液化石油气的危险性

（1）液化石油气是易燃、易爆气体，丙烷与空气混合时的爆炸极限为 2.3% ~9.5%（指丙烷所占的体积），爆炸极限范围比较窄，而与氧气混合时的爆炸极限为 3.2% ~64%。北京市劳动保护科学研究所的试验结果见表6—2。

表6—2　　　　　液化石油气与氧气混合气的燃烧范围　　　　　%

序号	液化石油气在混合气中所占的体积分数	燃爆情况
1	3.2	爆声微弱
2	6.0	有爆声
3	6.7	有爆声
4	12.9	有爆声
5	19.1	爆声较响
6	33.1	爆声响
7	36.2	爆声响

序号	液化石油气在混合气中所占的体积分数	燃爆情况
8	43	爆声响
9	51.5	爆声、强烈发光
10	64	爆声、强烈发光

（2）液化石油气容易挥发，如果从气瓶中滴漏出来，会扩散成体积为350倍的气体。闪点低（如组分丙烷挥发点为 $-42℃$，闪点为 $-20℃$）。

（3）气态石油气比空气重（约为空气的1.5倍），习惯于向低处流动而滞留积聚。液态石油气比汽油轻，能漂浮在水沟的液面上，随风流动并在死角处聚集。

（4）石油气对普通橡胶导管和衬垫有润胀和腐蚀作用，能造成胶管和衬垫的穿孔或破裂。

3. 液化石油气使用的安全要求

（1）使用和储存液化石油气瓶的车间和库房的下水道排出口，应设置安全水封；电缆沟进出口应填装砂土，暖气沟进出口应砌砖抹灰，防止液化石油气窜入其中发生火灾爆炸。室内通风孔除设在高处外，低处也应设有通风孔，以利于空气对流。

（2）不得擅自倒出液化石油气残液，以防遇火成灾。

（3）必须采用耐油性强的橡胶，不得随意更换衬垫和胶管，以防腐蚀漏气。

（4）点火时应先点燃引火物，然后打开气阀。

第四节　乙炔发生器安全要求

乙炔发生器是利用电石和水相互作用而制取乙炔的设备。

乙炔发生器的工作过程是发生器中的电石篮浸入水中后，电石与水充分接触。电石在大量水中分解，产生的乙炔气体进入储气罐，再经回火防止器供气压焊的加热器使用。

乙炔发生器是一种容易发生着火爆炸危险的设备，它的工作介质中有可燃易爆气体乙炔和遇水燃烧一级危险品电石。在加料、换料时空气会进入罐内，发生回火时火焰和氧气还会进入发生器，就有发生着火和爆炸事故的可能性。因此，乙炔发生器的操作人员必须受过专门安全培训，熟悉发生器的结构原理、维护规程及安全操作技术，并经安全技术考试合格才能上岗作业。禁止非气压焊工操作乙炔发生器。发生器的使用需注意下列安全事项。

1. 乙炔发生器的布设原则

移动式发生器可以安置在室外，也可以安置在自然通风良好的室内。但禁止安置在锻工、铸工和热处理等热加工车间和正在运行的锅炉房内。固定式发生器应布置在单独的房间，在室外安置时，应有专用棚子。

乙炔发生器不应布设在高压线下和吊车滑线下等处；不准靠近空气压缩机、通风机的吸风口，并应布置在下风侧；不得布设在避雷针接地导体附近，乙炔发生器与明火、散发火花地点、高压电源线及其他热源的水平距离应保持在 10 m 以上，不准安放在剧烈震动的工作台和设备上。夏季在室外使用移动式发生器时应加以遮盖，严禁在烈日下暴晒。

2. 使用前的准备工作

首先应检查发生器的安全装置是否齐全，工作性能是否正常，管路、阀门的气密性是否良好，操纵机构是否灵活等，在确认正常后才能灌水并加入电石。灌水必须按规定装足水量。冬季使用发生器时如发现冻结，用热水或蒸汽解冻，严禁用明火或烧红铁烘烤，更不准用铁器等易产生火花的物体敲击。

3. 乙炔发生器的启动

发生器启动前要检查回火防止器的水位，待一切正常后，才能打开进水阀给电石送水，或通过操纵杆让电石篮下降与水接触产生乙炔。这时应检查压力表、安全阀及各处接头等处是否正常。

4. 工作过程中的管理与维护

在供气使用前应排放发生器内留存的乙炔与空气混合气。运行过程中清除电石渣的工作，必须在电石完全分解后进行。发生器内水温超过 80℃ 时，应该灌注冷水或暂时停止工作，采取冷却措施使温度下降。不可随便打开发生器和放水，以防止因电石过热引起着火和爆炸。

5. 停用时的清理工作

发生器停用时应先将电石篮提高脱离水面或关闭进水阀使电石停止产气。然后再关闭出气管阀门，停止乙炔输出。开盖取出电石篮后应排渣和清洗干净。必须强调指出，在开盖取出电石篮时，若发生器着火，不得采取盖上盖子后立即放水的操作办法。在工作结束时，发生器因较长时间的运行，容易造成电石过热而发生乙炔着火现象。此时，有些操作者误认为只要把水放掉，罐里就空了，没有水和电石起作用，也就安全了。因为这种错误操作造成的伤亡事故时有发生，所以，近来在有些发生器的使用说明书上，对此已有专门的条文做了规定。正确的操作方法是：开盖发现着火时，应立即盖上盖子，以隔绝空气。接着使电石与水脱离接触，待冷却降温后才能再开盖和放水。

第五节 焊炬、汽油焊枪使用安全要求

火焰钎焊用于加热焊件的工具有射吸式焊炬和汽油焊枪。

一、射吸式焊炬使用的安全要求

射吸式焊炬是钎焊时用以控制气体流量、混合比及火焰，并进行钎焊的工具，如图6—3所示。

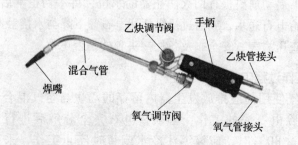

图6—3 H01—6型射吸式焊炬

焊炬的好坏直接影响钎焊的焊接质量，因此要求焊炬具有良好的调节性能，以保持氧气及可燃气体的比例及火焰能率的大小，使火焰稳定地燃烧。同时焊炬的质量要轻，气密性要好，操作方便，使用安全可靠。

1. 先安全检验后点火

使用前必须先检查其射吸性能。检查方法为：将氧气胶管紧固在氧气接头上，接通氧气后，先开启乙炔调节手轮，再开启氧气调节手轮，然后用手指按在乙炔接头上，若感到有一股吸力，则表明其射吸性能正常。如果没有吸力，甚至氧气从乙炔接头中倒流出来，则说明射吸性能不正常，必须进行修理，否则严禁使用。

射吸性能检查正常后，接着检查是否漏气。检查方法为：把乙炔胶管也接在乙炔接头上，将焊炬浸入干净的水槽里，或者在焊炬的各连接部位、气阀等处涂抹肥皂水，然后开启调节手轮送入氧气和乙炔气，不严密处将会冒出气泡。

2. 点火

经以上检查合格后，才能给焊炬点火。点火时有先开乙炔和先开氧气两种方法，为安全起见，最好采取先开乙炔、点燃后立即开氧气并调节火焰的方法。与先开氧气后开乙炔的方法比较起来，这种点火方法有下列优点：点火前在焊嘴周围的局部空间，不会形成氧气与乙炔的混合气，可避免点火时的鸣爆现象；可根据能否点燃乙炔及火焰的强弱，帮助检查焊炬是否有堵塞、漏气等弊病；点燃乙炔后再开氧气，火焰由弱逐渐变强，燃烧过程较平稳等。其缺点是点火时会冒黑烟，影响环境卫生。大功率焊炬点火时，应采用摩擦引火器或其他专用点火装置，禁止用普通火柴点火，防止烧伤。

3. 关火

关火时，应先关乙炔后关氧气，防止火焰倒袭和产生烟灰。使用大号焊嘴的焊炬在关火时，可先把氧气开大一点，然后关乙炔，最后再关氧气。先开大氧气是为了保持较高流速，可避免回火。

4. 回火处理

发生回火时应急速关乙炔，随即关氧气，倒袭的火焰在焊炬内会很快熄灭。稍等片刻再开氧气，吹出残留在焊炬里的烟灰。此外，在紧急情况下可拔去乙炔胶管，为此，一般要求乙炔胶管与焊炬接头的连接避免太紧或太松，以不漏气并能插上和拔下为原则。

5. 防油

焊炬的各连接部位、气体通道及调节阀等处，均不得沾附油脂。

6. 焊炬的保存

焊炬停止使用后，应拧紧调节手轮并挂在适当的场所，也可卸下胶管，将焊炬存放在工具箱内。必须强调指出，禁止为使用方便而不卸下胶管，将焊炬、胶管和气源作永久性连接，并将焊炬随意放在容器里或锁在工具箱内。这种做法容易造成容器或工具箱的爆炸或在点火时常发生回火，并容易引起氧气胶管爆炸。

二、汽油焊枪使用的安全要求

汽油焊枪（见图6—4）使用的燃料为加油站汽油（90#、93#、97#汽油），加热速度快，温度高，能达到 3 300℃以上。适用于熔焊 3 mm以下钢板，钎焊各种有色金属，如车刀制作，不锈钢、铸铁、铜、铝及其他有色金属的焊接，操作简便，易于掌握。

图6—4　CG4—6 型汽油焊枪
1—焊嘴　2—防爆储油罐　3—焊枪
4—耐油胶管　5—汽油气阀　6—预热气阀
7—出油阀　8—氧气接口　9—油气接口
10—压力表　11—手动气泵

1. 连接管路前，必须先用高压氧吹尽汽油管与氧气管内垃圾，再紧密连接好各管路。

2. 打开油罐出油阀（必须全部打开），并将油罐加油口阀扭松一圈，防止汽油罐内产生负压，造成焊枪吸不出汽油而不能正常工作。

3. 打开氧气瓶上的氧气阀门，调整氧气减压阀至工作要求的氧气压力。

4. 焊枪点火前，应检查其各连接处和各气阀是否有漏气和漏油现象，点火时，先打开焊枪上的氧气阀，再打开焊枪上的汽油开关，此时注意看焊嘴出口，当看见轻淡的油雾喷出时，即可点燃获得蓝色火焰（注：氧气太多时点不着火，而且会啪啪地响；汽油太多时火焰是黄色的或有滴油、冒烟等现象），扭动焊枪氧气阀及汽油开关，调出火心发蓝发亮（火焰火心一定要在焊嘴外燃烧，以免烧坏焊嘴）、火焰发蓝微黄、没有红色火苗蹿出的中性火焰（正常调火时间在 3 s 以内），根据钎焊金属厚度再调节火焰大小，就可以正常焊接了，熄火时先关焊枪汽油开关，再关氧气阀。

5. 点火时应把焊嘴朝下，略向一侧倾斜以免点火后火焰伤及人体。操作过程中，不要粗暴大力拧转焊枪上各阀门，防止油针扭曲，汽油、氧气外溢或破坏阀门，注意焊枪上氧气阀和汽油开关都打开后，禁止用手或其他物体堵住割嘴，以免氧气倒流入供油系统而造成安全事故。

6. 点火后开始可能混合燃料气化不充分，可将焊嘴靠近焊件预热 3~5 s（稍微有点角度，以免把火憋灭），待焊嘴达到一定温度后，再调整火焰。不要担心燃料管路的回火问题，因为液体汽油是最好的回火逆止阀。

7. 停止工作时一定要关好防爆油罐、氧气瓶、焊枪上的所有阀门，再离开工作现场，以免造成不必要的安全事故。

第六节　常用气瓶、输气管道使用安全措施

用于火焰钎焊的氧气瓶属于压缩气瓶，乙炔瓶属于溶解气瓶，液化石油气瓶属于液化气瓶。应根据各类气瓶的不同特点，采取相应的安全措施。

一、氧气瓶

1. 氧气瓶的结构

氧气瓶是用作储存和运输氧气的高压容器。气瓶的容积为 40 L，

在 15 MPa 压力下，可储存 6 m³ 的氧气，氧气瓶的结构如图 6—5 所示。通常采用合金钢经热挤压制成无缝圆柱形。瓶体上部瓶口内壁攻有螺纹，用以旋上瓶阀，瓶口外部还套有瓶箍，用以旋装瓶帽，以保护瓶阀不受意外的碰撞而损坏。防震圈（橡胶制品）用来减轻震动冲击，瓶体的底部呈凹面形状或套有方形底座，使气瓶直立时保持平稳。瓶壁厚度为 5 ~ 8 mm。瓶体外表涂天蓝色，并标注黑色"氧气"字样。

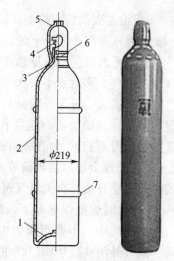

图 6—5　氧气瓶的结构

1—瓶底　2—瓶体　3—瓶箍　4—瓶阀

5—瓶帽　6—瓶头　7—防震圈

2. 氧气瓶的危险性

氧气瓶的爆炸大多属于物理性，其主要原因有以下几种。

（1）气瓶的材质、结构有缺陷，制造质量不符合要求。例如，材料脆性，瓶壁厚薄不匀，有夹层，瓶体受腐蚀等。

（2）在搬运装卸时，气瓶从高处坠落、倾倒或滚动，发生剧烈碰撞冲击。尤其当气瓶瓶阀由于没有瓶帽保护，受震动或使用方法不当时，造成密封不严、泄漏，甚至瓶阀损坏，使高压气流冲出。

（3）开气速度太快，气体含有水珠、铁锈等颗粒，高速流经瓶阀时产生静电火花，或由于绝热压缩引起着火爆炸。

（4）由于气瓶压力太低或安全管理不善等造成氧气瓶内混入可燃气体。

（5）解冻方法不当。氧气从气瓶流出时，体积膨胀，吸收周围的热量，瓶阀处容易发生霜冻现象，如用火烤或铁器敲打，易造成事故。

（6）氧气瓶阀等处沾附油脂；气瓶直接受热；未按规定期限做技术检验。

3. 氧气瓶的安全使用

（1）为了保证安全，氧气瓶在出厂前必须按照《气瓶安全监察规程》的规定，严格进行技术检验。检验合格后，应在气瓶肩部的球面部分做明显的标志，标明瓶号、工作压力和检验压力、下次试压日期等。

（2）充灌氧气瓶时，必须首先进行外部检查，同时还要化验、鉴别瓶内气体成分，不得随意充灌。气瓶充灌时，气体流速不能过快，否则易使气瓶过热，压力剧增，造成危险。

（3）气瓶与电焊机在同一工地使用时，瓶底应垫以绝缘物，以防气瓶带电。与气瓶接触的管道和设备要有接地装置，防止由于产生静电而造成燃烧或爆炸。

冬季使用气瓶时由于气温比较低，加之高压气体从钢瓶排出时，吸收瓶体周围空气中的热量，所以瓶阀或减压器可能出现结霜现象。可用热水或蒸汽解冻，严禁使用火焰烘烤或用铁器敲击瓶阀，也不能猛拧减压器的调节螺钉，以防气体大量冲出造成事故。

（4）在储运和使用过程中，应避免剧烈震动和撞击，搬运气瓶必须用专门的抬架或小推车，禁止直接使用钢绳、链条、电磁吸盘等吊运氧气瓶。车辆运输时，应用波浪形瓶架将气瓶妥善固定，并戴好瓶帽，防止损坏瓶阀。轻装轻卸，严禁从高处滑下或在地面滚动气瓶。使用和储存时，应用栏杆或支架加以固定、扎牢，防止突然倾倒。

（5）氧气瓶应远离高温、明火和熔融金属飞溅物，安全规程规定应相距 5 m 以上。夏季在室外使用时应加以覆盖，不得在烈日下暴晒。

（6）使用时，开气应缓慢，防止静电火花和绝热压缩。如果用手轮按逆时针方向旋转，为开启瓶阀；顺时针旋转则关闭瓶阀。瓶阀的一侧装有安全膜，当瓶内压力超过规定值时，安全膜片即自行爆破放气，从而保护了氧气瓶的安全。

（7）氧气瓶不能全部用尽，应留有余气 0.2 ~ 0.3 MPa，使氧气瓶保持正压，并关紧阀门防止漏气。目的是预防可燃气体倒流进入瓶内，而且在充气时便于化验瓶内气体成分。

（8）不得使用超过应检期限的气瓶。氧气瓶在使用过程中，必须按照安全规程的规定，每 3 年进行一次技术检验。每次检验合格后，要在气瓶肩部的标志上标明下次检验日期。满灌的氧气瓶启用前，首先要查看应检期限，如发现逾期未做检验的气瓶，不得使用。

（9）氧气瓶阀不得沾附油脂，不得用沾有油脂的工具、手套或油污工作服等接触瓶阀和减压器。

二、乙炔瓶

1. 乙炔瓶的结构

乙炔瓶是由低合金钢板经轧制焊接制造的，是一种储存和运输乙炔的容器，如图6—6所示。瓶体内装着浸满丙酮的多孔性填料，使乙炔稳定而又安全地储存在乙炔瓶内。使用时打开瓶阀，溶解在丙酮内的乙炔就分解出来，通过瓶阀流出，气瓶中的压力即逐渐下降。瓶口中心的长孔内放置过滤用的不锈钢线网和毛毡（或石棉）。瓶里的填料可以采用多孔而轻质的活性炭、硅藻土、浮石、硅酸钙、石棉纤维等。目前多采用硅酸钙。

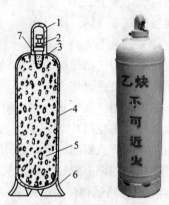

图6—6　乙炔瓶
1—瓶帽　2—瓶阀　3—毛毡　4—瓶体
5—多孔性填料　6—瓶座　7—瓶口

乙炔瓶的公称容积和直径可按表6—3选取。

表6—3　　　　　　　　　乙炔瓶的公称容积和直径

公称容积/L	≤25	40	50	60
公称直径/mm	220	250	250	300

乙炔瓶的设计压力为3 MPa，水压试验压力为6 MPa。乙炔瓶采用焊接气瓶，即气瓶筒体及筒体与封头用焊接连接。

瓶体的外表漆成白色，并标注红色"乙炔"和"火不可近"字样。瓶内最高压力为1.5 MPa。

2. 乙炔瓶的危险性

乙炔瓶发生着火爆炸事故的原因有以下几种。

（1）与氧气瓶爆炸原因相同。

（2）乙炔瓶内填充的多孔物质下沉，产生净空间使部分乙炔处于高压状态。

（3）由于乙炔瓶横躺卧放，或大量使用乙炔时丙酮随之流出。

（4）乙炔瓶阀漏气等。

3．乙炔瓶的安全使用

（1）气瓶在使用过程中必须根据国家《气瓶安全监察规程》和《溶解乙炔瓶安全监察规程》以及有关国家标准要求，定期进行技术检验。氧气瓶和乙炔瓶必须每3年检验1次，而且检验单位必须在气瓶肩部规定的位置打上检验单位代号、本次检验日期和下次检验日期的钢印标记。气瓶在使用过程中如发现有严重腐蚀、损伤或有疑点时，可提前进行检验。

（2）乙炔瓶阀与氧气瓶阀不同，它没有旋转手轮，活门的开启和关闭是利用方孔套筒扳手转动阀杆上端的方形头实现的。阀杆逆时针方向旋转，瓶阀开启，反之，关闭乙炔瓶阀。乙炔瓶阀的阀体旁侧没有侧接头，因此必须使用带有夹环的乙炔减压器，并配用回火防止器。

（3）瓶体表面温度不得超过40℃。瓶温过高会降低丙酮对乙炔的溶解度，导致瓶内乙炔压力急剧增高。在普通大气压下，温度15℃时，1 L丙酮可溶解23 L乙炔；30℃为16 L；40℃时为13 L。因此，在使用过程中要经常用手触摸瓶壁，如局部温度升高超过40℃（会有些烫手），应立即停止使用，在采取水浇降温并妥善处理后，送充气单位检查。

（4）乙炔瓶存放和使用时只能直立，不能横躺卧放，以防止丙酮流出引起燃烧爆炸（丙酮与空气混合气的爆炸极限为2.9%～13%）。乙炔瓶直立牢靠后，应静候15 min左右，才能装上减压器使用。开启乙炔瓶的瓶阀时，不要超过1圈半，一般情况只开启3/4圈。

（5）存放乙炔瓶的室内应注意通风换气，防止泄漏的乙炔气滞留。

（6）乙炔瓶不得遭受剧烈震动或撞击，以免填料下沉，形成静空间。

（7）乙炔瓶的充灌应分两次进行。第一次充气后的静置时间不少于8 h，然后再进行第二次充灌。不论分几次充气，充气静置后的极限压力都不得大于表6—4的规定。

表6—4　　　乙炔瓶内允许极限压力与环境温度的关系

温度/℃	−10	−5	0	+5	+10	+15	+20	+25	+30	+35	+40
压力（表压）/MPa	7	8	9	10.5	12	14	16	18	20	22.5	25

（8）瓶内气体严禁用尽，必须留有不低于表6—5规定的剩余压力。

表6—5　　　乙炔瓶内剩余压力与环境温度的关系

环境温度/℃	<0	0~15	15~25	25~40
剩余压力/MPa	0.05	0.1	0.2	0.3

三、液化石油气瓶

1. 液化石油气瓶的结构

液化石油气瓶是由16Mn钢、优质碳素结构钢等薄板材料制成。气瓶壁厚为2.5~4 mm。气瓶储存量分别为10 kg、15 kg、20 kg及30 kg等。一般民用气瓶大多为10 kg、15 kg，工业上常采用20 kg或30 kg气瓶。如果用量很大，还可制造容量为1.5~3.5 t的大型储罐。

液化石油气瓶最大工作压力为1.56 MPa，水压试验压力为3 MPa。钢瓶内容积是按液态丙烷在60℃时恰好充满整个钢瓶设计的，所以钢瓶内压力不会达到1.6 MPa，钢瓶内会有一定的气态空间。液化石油气瓶由底座、瓶体、瓶嘴、耳片和护罩等组成，如图6—7所示。

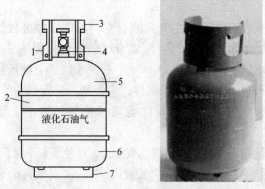

图6—7　液化石油气瓶构造

1—耳片　2—瓶体　3—护罩　4—瓶嘴　5—上封头　6—下封头　7—底座

液化石油气瓶表面涂成灰色，气瓶表面用红漆标注"液化石油气"字样。

常用的液化石油气瓶规格见表6—6。

表6—6 液化石油气瓶规格

类别	容积/L	外径/mm	壁厚/mm	瓶高/mm	自重/kg	材质	耐压试验水压为/MPa
10 kg	23.5	325	4	530	13	20#或Q235	3.2
12 ~ 12.5 kg	29	325	2.5	—	11.5	16Mn	3.2
15 kg	34	335	2.5	645	12.5	16Mn	3.2
20 kg	47	380	3 (2.5)	650	20 (25)	Q235 (16 Mn)	3.2

2. 液化石油气瓶的危险性

液化石油气瓶发生着火爆炸事故的原因有以下几种。

（1）与氧气瓶发生爆炸事故原因相同。

（2）液化石油气瓶充灌过满，受热时瓶内压力剧增。

（3）气瓶角阀、O形垫圈漏气。

3. 液化石油气的安全使用

（1）同氧气瓶安全使用措施。

（2）气瓶充灌必须按规定留出气化空间，不能充灌过满。

（3）衬垫、胶管等必须采用耐油性强的橡胶，不得随意更换衬垫和胶管，以防因受腐蚀而发生漏气。

（4）气瓶应直立放置。使用前，可用毛刷蘸肥皂液，从瓶阀处涂刷，一直检查到焊炬，并观察是否有气泡产生，以此检验供气系统的密封性。

（5）钢瓶的使用温度为 $-40 \sim 60℃$，绝对不允许超过60℃，冬季使用可在用气过程中以低于40℃的温水加热。严禁用火烤或沸水加热，不得靠近炉火和暖气片等热源。

（6）使用和储存液化石油气瓶的车间和库房下水道的排出口，应设置安全水封，电缆沟进出口应填装砂土，暖气沟进出口应砌砖抹灰，防止气体窜入其中发生火灾爆炸。室内通风孔除设在高处外，低处也应设有通风孔，以利于空气对流。

(7) 不得自行倒出石油气残液，以防遇火成灾。

(8) 液化石油气瓶出口连接的减压器，应经常检查其性能是否正常。减压器的作用不仅是把瓶内的液化石油气压力从高压减到 3.51 kPa的低压，而且在切割时，如果氧气倒流入液化气系统，减压器的高压端还能自动封闭，具有逆止作用。

四、胶管着火爆炸事故的原因与安全使用

胶管的作用是向焊炬输送氧气和乙炔气，是一种重要的辅助工具。用于气压焊的胶管由优质橡胶内、外胶层和中间棉织纤维层组成，整个胶管需经过特别的化学加工处理，以防止其燃烧。

1. 胶管发生着火爆炸的原因

(1) 由于回火引起着火爆炸。

(2) 胶管里形成乙炔与氧气或乙炔与空气的混合气。

(3) 由于磨损、挤压硬伤、腐蚀或保管维护不善，致使胶管老化，强度降低并造成漏气。

(4) 制造质量不符合安全要求。

(5) 氧气胶管粘有油脂或高速气流产生的静电火花等。

2. 胶管的安全使用

(1) 应分别按照氧气胶管国家标准和乙炔胶管国家标准的规定保证制造质量。胶管应具有足够的抗压强度和阻燃特性。

根据国家标准规定，气焊中氧气胶管为黑色，内径为 8 mm；乙炔胶管为红色，内径为 10 mm。这两种胶管不能互换，更不能用其他胶管代替。

(2) 胶管在保存和运输时必须注意维护，保持胶管的清洁和不受损坏。要避免阳光照射、雨雪浸淋，防止与酸、碱、油类及其他有机溶剂等影响胶管质量的物质接触。存放温度为 -15～40℃，距离热源应不少于 1 m。

(3) 新胶管在使用前，必须先把内壁滑石粉吹除干净，防止焊炬的通道被堵塞。胶管在使用中应避免受外界挤压和机械损伤，也不得

与上述影响胶管质量的物质接触，不得将胶管折叠。

（4）为防止在胶管里形成乙炔与空气（或氧气）的混合气，氧气与乙炔胶管不得互相混用和代用，不得用氧气吹除乙炔胶管的堵塞物。同时应随时检查和消除焊炬的漏气堵塞等缺陷，防止在胶管内形成氧气与乙炔混合气。

（5）如果发生回火倒燃进入氧气胶管的现象，则不可继续使用旧胶管，必须更新。因为回火常常将胶管内胶层烧坏，压缩纯氧又是强氧化剂，若再继续使用必将失去安全性。

五、管道发生着火爆炸事故的原因与安全措施

由乙炔站集中供应气压焊用气体时，乙炔和氧气是采用管路输送的。乙炔和氧气管道属于可燃易爆介质和助燃介质的管道，因此，应该采取管道工程的防爆设施。

1. 管道发生着火爆炸事故的原因

（1）气体在管道内流动时，夹杂于气流中的锈皮、水珠等与管道发生摩擦，当超过一定流速时就会产生静电积聚而放电。

（2）由于漏气，在管道外围形成爆炸性气体滞留的空间，遇明火即可发生燃烧和爆炸。

（3）外部明火导入管道内部。这里包括管道附近明火的导入，以及与管路相连接的焊接工具由于回火造成火焰倒袭进入管道内。

（4）管道里的铁锈及其他固体微粒随气体高速流动时产生的摩擦热和碰撞热（尤其在管道拐弯处）是管道发生燃爆的一个因素。

（5）管道过分靠近热源，管内气体过热引起的燃烧爆炸。

（6）氧气管道阀门黏附油脂。

（7）由于雷击等意外情况产生巨大的电磁热、机械效应和静电作用等，常使管道及构筑物遭到破坏或引起火灾爆炸事故。

2. 管道防爆措施

（1）应按照防爆手册的规定限制气体流速、管径和选择管材。

（2）防止静电放电的接地措施。管道在室内外架空或埋地敷设时，都必须可靠接地。室外管道埋地敷设时，每隔200~300 m设一接

地极；架空敷设时，每隔 100 ~ 200 m 设一接地极。室内管道不论架空还是地沟敷设（不宜采用埋地敷设），每隔 30 ~ 50 m 均应设一接地极。但不论管道长短如何，在管道起端和终端及管道进入建筑物的入口处，都必须设接地极。接地装置的接地电阻不大于 20 Ω。

离地面 5 m 以上架空敷设的氧气、乙炔管道，为防止雷击产生的静电或电磁感应对管道的作用，须缩短接地极间的距离，一般不超过 50 m。

（3）防止外部明火导入管道内部，可采用水封回火防止器，也可采用火焰消除器（或称防火器、阻火器）。阻火器可用粉末冶金材料制成，或是用多层铜网（或铝网）重叠起来制成。

（4）防止管道外围形成爆炸气体滞留的空间，乙炔管道通过厂房车间时，应保证室内通风良好，并应定期监测乙炔气体浓度，以便及时采取措施排除爆炸性混合气，并检查管道是否漏气，防止燃烧爆炸事故。

（5）氧气和乙炔管道在安装使用前都应进行脱脂。常用脱脂剂二氯乙烷和酒精为易燃液体，四氯化碳和三氯乙烯虽不是易燃液体，但在明火和灼热物体存在的条件下，易分解成剧毒气体——光气。故脱脂现场必须严禁烟火。

（6）氧气和乙炔管道除与一般受压管道同样要求做强度试验外，还应做气密性试验和泄漏量试验。

（7）埋地乙炔管道不应敷设的地点如下。

1）烟道、通风地沟和直接靠近高于 50℃ 的热表面。

2）建筑物、构筑物和露天堆场的下面。

3）架空乙炔管道靠近热源敷设时，宜采取隔热措施，管壁温度严禁超过 70℃。

（8）乙炔管道可与供同一使用目的的氧气管道，共同敷设在有不可燃盖板的不通行地沟内。地沟内必须全部填满沙子，并严禁与其他沟道相通。

（9）乙炔管道严禁穿过生活间、办公室。厂区和车间的乙炔管道，不应穿过不使用乙炔的建筑物和房间。

（10）氧气管道严禁与燃油管道同沟敷设。架空敷设的氧气管道不宜与燃油管道共架敷设，如确需共架敷设时，氧气管道宜布置在燃油管道的上面，且净距离不应小于 0.5 m。

（11）乙炔管路使用前，应当用氮气全部吹洗，取样化验合格后方准使用。

第七节　火焰钎焊操作

1. 硬质合金刀具火焰钎焊

焊件图如图 6—8 所示。

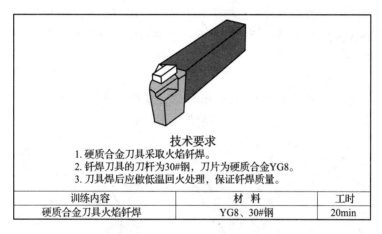

技术要求
1. 硬质合金刀具采取火焰钎焊。
2. 钎焊刀具的刀杆为30#钢，刀片为硬质合金YG8。
3. 刀具焊后应做低温回火处理，保证钎焊质量。

训练内容	材　料	工时
硬质合金刀具火焰钎焊	YG8、30#钢	20min

图 6—8　硬质合金刀具火焰钎焊焊件图

2. 火焰钎焊操作训练

（1）焊前准备

1）火焰钎焊设备及工具。氧气瓶，乙炔瓶，氧、乙炔减压器，H01—6 型焊枪，氧乙炔胶管和扳手，护目眼镜，打火机等辅助用具，以及必备的劳动保护用品。

2）焊件。钎焊刀具的刀杆为 30#钢，刀片为硬质合金 YG8。

3）钎料和钎剂。选用 HL103 铜锌钎料，钎剂选用 QJ102 或脱水硼砂。

4）焊件表面清理。钎焊焊件刀具的刀杆、刀片表面的油脂、氧化物及锈斑，必须将其彻底清除，以保证钎焊焊缝性能良好。

可采用喷砂或在碳化硅砂轮上用手工轻轻磨去硬质合金刀片的钎焊表面的表层。用锉刀将刀杆的刀槽毛刺清除干净，然后用汽油清洗其表面的粉尘。

（2）工艺分析

硬质合金刀具钎焊的主要问题是：刀片的膨胀系数是刀杆的一半左右，在钎焊过程中会产生很大的内应力而引起裂纹，使用时造成刀片的破碎。为了防止裂纹的产生，需要正确地设计刀槽和选用钎料及掌握操作工艺。

为避免和减少裂纹，刀槽应减少不必要的钎焊面。钎焊接头的强度可由钎料和正确的钎焊工艺来保证。一般情况下应采用开口槽形状（见图6—9）。

（3）钎焊操作

钎料及钎剂的放置如图6—10所示，钎料片厚0.5 mm左右，大小与刀片相同，在刀片的上面和侧面都不放置钎料。

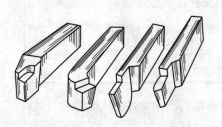
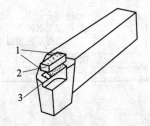

图6—9　开口槽形刀杆　　　图6—10　钎料及钎剂的放置部位

1—钎剂　2—刀片　3—钎料

1）预热阶段，将刀具用虎钳或压板夹紧，用氧乙炔焰加热刀头后部及刀槽底部，直到刀头发暗红色（650℃左右）（见图6—11a）。

2）用火焰的外焰加热刀片和刀槽四周，直到钎剂全部熔化（见图6—11b）。

3）继续用外焰均匀加热，使钎料熔化，并沿侧面钎缝渗入（见图6—11c）。

4）当侧面钎缝出现较刀片的颜色暗而且发亮的液体钎料带，并刚发现蓝火冒白烟时，用加压棒拨动刀片往复移动 2 ~ 3 次（见图 6—11d）。

5）移动刀片摆正位置后，立即用加压捧在刀片中部加压钎焊（见图 6—11e）。

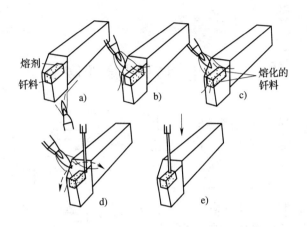

熔剂
钎料

熔化的
钎料

a)　b)　c)

d)　e)

图 6—11　钎焊操作步骤

（4）保温冷却与低温回火

刀具钎焊后应缓慢冷却以免形成裂纹。可将钎焊好的刀具堆放在一起，也可将钎焊好的刀具插入石灰槽中缓冷，或者直接放到 350 ~ 380℃炉中进行低温回火，时间为 6 ~ 8 h。

车刀冷却后，钎剂残渣及其他表面污物可在热水中，用钢丝刷刷去并按要求磨削成所需车刀待用。

3. 火焰钎焊注意事项

（1）火焰钎焊时，既要防止烧伤、烫伤自己，也要注意保护他人安全；室外操作遇有大风时，要注意挡风，操作者要注意站立位置，避开熔渣飞出方向。

（2）火焰钎焊现场的氧气瓶、乙炔瓶距离焊炬或其他火源不得小于 10 m；两瓶之间的距离不得小于 3 m；工作完毕后，要清理现场，并注意保证现场无火灾隐患。

第七章　电阻钎焊安全

第一节　电阻钎焊原理和分类

电阻钎焊也称为接触钎焊，其基本原理与电阻焊相同。它是利用电流通过焊件或与焊件接触处所产生的电阻热来加热焊件和熔化钎料的，其原理如图7—1所示。

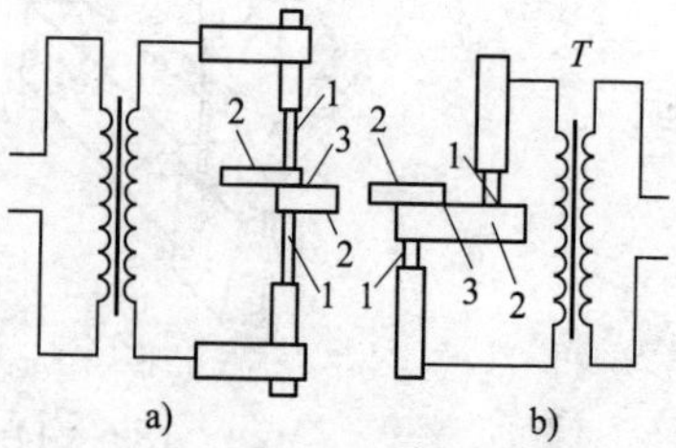

电阻钎焊有两种基本形式，即直接加热法和间接加热法两种。

图7—1　电阻钎焊原理图
a) 直接加热法　b) 间接加热法
1—电极　2—焊件　3—钎料

一、直接加热法电阻钎焊

直接加热电阻钎焊时，电极压紧两个零件的钎焊处，电流通过钎焊面而形成回路，依靠钎焊面及相邻的部分母材中产生的电阻热加热到钎焊温度。这种方法的特点是：由于只有焊件的钎焊区域被加热，具有直接的局部的性质，所以加热迅速。在钎焊过程中，要求焊件钎焊面紧密贴合，否则，将会因为接触不良而造成母材局部过热或接头严重未焊透等缺陷。

加热速度由电流大小和压力而定。加热电流一般为 6 000 ~ 15 000 A，压力为 100 ~ 2 000 N。电极材料可选用铜、铬铜、钼、钨、石墨和铜钨烧结合金。

二、间接加热法电阻钎焊

间接加热电阻钎焊时，电流可只通过一个焊件，而另一个焊件的加热和钎料的熔化均靠被通电加热焊件的热传导来实现。此外，电流也可根本不用通过焊件，而是通过一个较大的石墨板或耐热合金板，将焊件放在此板上，全部依靠导热来实现加热的。加热的电流介于100～300 A 之间，电极压力为 50～500 N。由于电流不通过钎焊面，可以使用固态钎剂。对焊件接触面配合要求不高，所以，间接加热的电阻钎焊很适用钎焊热物理性能差别大且厚度相差悬殊的焊件；也适用于小件的钎焊，因为这种方法不存在加热中心偏离钎焊面的情况，而且加热速度也比较慢。

第二节 电阻钎焊特点和应用范围及参数选择

一、电阻钎焊特点和应用范围

1. 电阻钎焊的优点是加热极快（直接加热法），生产效率高；加热高度集中，对周围的热影响小；工艺简单、劳动条件好，易实现自动化。广泛使用于铜基和银基钎料钎焊的场合。

2. 电阻钎焊的缺点是焊件钎焊接头尺寸受到限制，只能钎焊一些尺寸较小且形状不太复杂的焊件，如刀具、带锯、导线接头、电触头、电动机的定子线圈以及集成电路元器件等。

二、电阻钎焊工艺参数

在焊接电流、电极材料和焊件表面处理方式相同的条件下，影响电阻钎焊质量的最主要因素有钎接压力及钎焊时间。

1. 钎接压力

钎接压力是电阻钎焊的一个重要参数，压力的大小直接影响钎焊质量。压力的作用是使钎焊面相互紧密贴合。然而钎焊接头的强度与钎接压力有着内在的联系，起始时接头强度随着压力的增加而提高，当压力达到某一值时，接头的强度达到最大值；若继续增加压力，熔化的钎料因压力的作用会部分被挤出钎缝而流失，降低其扩散和润湿作用，使得接头强度下降；当压力增大到一定程度时，钎料将全部流失，并使钎接处产生较大的变形，导致钎接失败。反之，若压力过小，使钎缝处于点接触，电阻增大，出现局部过热并产生火花，烧坏接头。

在 AgW50 与紫铜电阻钎焊时，钎接压力控制在 1.3～1.5 MPa 最为合适。

2. 钎焊时间

钎焊时间对电阻钎焊质量有一定的影响，如果在钎焊压力一定的条件下，钎接时间过长，钎焊接头处热量将剧增，温度不断上升，造成液体钎料流失，使钎焊强度降低；而钎接时间太短，接头电阻产生的热量不够，钎料来不及充分润湿被焊金属，从而使钎料流布不均匀，接头强度降低。

在 AgW50 与紫铜电阻钎焊中，钎焊时间控制在 3.5～4.5 s，可获得最高的接头强度。

第三节　电阻钎焊设备结构和原理

电阻钎焊设备原理与普通的电阻点焊机相类似，它主要由电源电气系统、电极及其加压机构和控制系统构成。

电源电气系统是选择改变一次绕组匝数来获得不同的二次电压的 25 kV 交流变压器，可依次将二次电压的 4.2 V、4.8 V、5.6 V 及 6.75 V，相应获得钎焊电流为 1 240 A、1 400 A、1 600 A、2 000 A。电缆长度在 4 m 以内，二次电压为 6.7 V，45 s 以内即可完成接头钎焊。

直接加热法电阻钎焊所用电极材料可选用高强度铜合金制成，见表7—1，内部（或外部）通水冷却；间接加热法电阻钎焊的电极采用高纯石墨，它具有高电阻率（10～14 $\Omega \cdot mm^2/m$）、高耐热性（熔点 3 700℃），化学性稳定且具有一定的抗压强度。电极截面尺寸应稍大于接头尺寸（各边在 3～5 mm），厚度一般小于 25 mm，过厚虽然能提高抗压强度，但是却增加热耗。另外，电极与钎焊接头弧形接触面应吻合，这样才会使接头受热均匀，提高热效率。

表7—1 直接加热法电阻钎焊用电极材料性能

电极材料	电阻率/ ($\Omega \cdot cm^2/m$)	维氏硬度/HV	软化温度/℃
铜	0.017 6	95	150
铬铜	0.021 5	150	400
钼	0.057	200	1 000
钨	0.055	380 ~ 450	>1 000
石墨	0.02	70	—
铜钨烧结合金	0.052	160 ~ 210	—

电阻钎焊在焊接中需要对焊件进行加压,所以加压机构是电阻焊机中的重要组成部分。加压机构可以是手动、气压或液压机构,应有良好的工艺性,适应焊件工艺特性的要求;焊接开始时,能快速地将预压力全部压上,而焊接过程中压力应稳定,焊件厚度变化时,压力波动要小。

控制系统复杂程度依所要求的焊接质量而定,是由开关和同步控制两部分组成。在钎焊中开关的作用是控制电流的通断,同步控制的作用是调节焊接电流的大小,精确控制焊接程序。

第四节 电阻钎焊操作规范和安全要求

一、电阻钎焊操作规范

1. 选用钎料

电阻钎焊所用钎料有粉状、膏状及箔状,最理想的是箔状钎料。因为它能直接放在零件的钎焊面之间,比较方便。电阻钎焊使用较多的是铜基和银钎料。

2. 涂敷钎料层

在钎焊面预先涂敷钎料层是生产中最常用的工艺措施,尤其是在电子工业中应用广泛。如果使用钎料丝,应等到钎焊面被加热到钎焊温度后，再将钎料丝末端靠近钎缝间隙，直至钎料熔化且填满间隙，使全部边缘呈现平缓的钎角为止。

3. 选用电极

通常用碳、石墨、铜合金、不锈钢、耐热钢、高温合金或难熔合金等制作电极。电极材料的选用应根据焊件材质、形态及厚度来确定。使用的电极要求电导率应较高些，而用作加热块的电极则应采用高电阻材料。电极的端面应制成与钎焊接头相应的形状和大小，以确保加热均匀化。值得注意的是在任何情况下，制作电极的材料都不应被钎料润湿。

4. 钎焊参数选择

电阻钎焊使用的压力比电阻焊使用的压力低，主要是保证焊件钎焊面良好的电接触，并能排出缝内多余的熔化钎料和钎剂残渣。

另外，电阻钎焊时可采用低电压大电流，通常可在电阻焊机上进行。

5. 钎焊操作

钎焊操作分为以下三个阶段。

第一阶段为预压阶段，即为钎焊准备阶段。定位好的接头，通过气缸活塞下移进行预压，使电极与接头接触，如果电极局部接触处的电流密度太大烧损接头金属，或者接头受热不均匀，都会使接头质量变坏，所以，应该处理好电极与接头的弧面密合度，必要时需修磨电极弧面。

第二阶段为通电阶段。通电过程中，接头处的温度逐渐升高，接头软化，在压力作用下（恒压），电极与接头的接触密合度得以提高，当温度升到 M 点钎料熔化温度时，应继续通电使钎料完全熔化。当温度高于 M 点 $50 \sim 70℃$ 时，应断续通电，使液态钎料流布整个钎缝间隙。这个阶段为钎焊阶段，时间仅为 $3 \sim 6$ s，是保证钎缝质量的重要阶段。

第三阶段为后压阶段。此阶段已断电，但必须维持接头压力，使液态钎料在凝固中的接头密合得牢固。当接头温度下降到 450℃ 以下时即可卸压。

二、电阻钎焊的安全要求

1. 工作前应关好全部机门，机门应装电气联锁装置，保证机门未关前不能送电。高压合上后，不得随意到机后活动，严禁打开机门。

2. 多工位操作的焊机应在每个工位上装有紧急制动按钮；手提式焊机的构架，应能经受操作中产生的震动，应有防坠落的保险装置，并应经常检查。

3. 焊机放置的场所应保持干燥，地面应铺防滑板，焊机的脚踏开关，应有牢固的防护罩，防止意外开动。

4. 施焊时，焊接控制装置的柜门必须关闭；作业时，应设有防止焊接火花飞溅的防护挡板或防护屏。

5. 焊机控制箱装置的检修与调整应由专业人员进行。

第五节　电阻钎焊操作

1. 紫铜线圈多层叠合电阻钎焊

焊件图如图 7—2 所示。

技术要求
1. 紫铜线圈多层叠合采取电阻钎焊。
2. 焊件由三层紫铜线圈叠合而成。紫铜线圈材质为T1，紫铜线径为32mm×5.6mm。紫铜线圈外形尺寸为150mm×90mm。线圈接头端面按11°剖开。
3. 线圈电阻钎焊后应保证线径同心、接头致密无缺陷。

训练内容	材　料	工时
紫铜线圈多层叠合电阻钎焊	T1紫铜线圈	10min

图 7—2　紫铜线圈多层叠合电阻钎焊焊件图

2. 电阻钎焊操作训练

（1）焊前准备

1）焊机。选择 Q—63 型专用电阻钎焊机。

2）焊件及钎料

①焊件。由三层紫铜线圈叠合而成。紫铜线圈材质为 T1，外形尺寸为 150 mm×90 mm，紫铜线径为 32 mm×5.6 mm，钎焊接头在线圈端面按 11°剖开。

②钎料。为避免钎缝产生夹渣缺陷，该钎焊选择不用钎剂的钎料，即含磷的片状铜银磷钎料 B – CuAgP。

3）装配。首先将紫铜线圈在温度为 20～80℃的 12.3% H_2SO_4 含有 1%～3% 的 $Na_2CO_3 \cdot H_2O$（余量）的溶液中，浸蚀到表面无氧化膜。然后用钢丝刷或砂布将紫铜线圈钎焊接头部位清理干净，并露出金属光泽。然后按焊件图所示进行装配，将片状铜银磷钎料 B – CuAgP 剪切成稍大于接头端面大小的形状，分别放置在线圈斜 11°端面的钎缝内，并保证钎焊接头的线圈线径同心。

（2）调试钎焊工艺参数

初步选择焊接参数为焊接通电时间 2～5 s、焊接电流 53 kA、电极压力 15 kN。可通过试焊，找到最佳的焊接工艺参数。

（3）焊接前操作

1）合上电源开关。慢慢打开冷却水阀，并检查排水管是否有水流出。接着打开气源开关，按焊件要求参数调节气压。检查电极的相互位置，调节上、下电极，使接触表面对齐同心并贴合良好。

2）根据焊接要求，通过焊接变压器和控制系统调整各开关及旋钮，调节焊接电流、预压时间、焊接时间、锻压时间、休止时间等工艺参数。

3）按启动按钮，接通控制系统，约 5 min 指示灯亮，表示准备工作结束，可以开动焊机进行焊接。

（4）焊接操作

钎焊操作分为以下三个阶段。

1）预压阶段。将待焊的紫铜线圈定位好，使钎缝接头置于上、下电极之间，然后施加一定的电极压力，使电极与接头接触压紧，保证片状钎料在钎缝中不偏不倚，在此阶段还要检查并调整电极与接头的弧面密合度，必要时需修磨电极弧面。

2）通电焊接阶段。焊接电流通过焊件，接头处的温度逐渐升高，当温度升到钎料熔化温度时，再保持通电 0.1 ~ 0.2 s，待钎料完全熔化，使液态钎料流布整个钎缝间隙，应断续通电。此阶段为钎焊阶段，时间为 2 ~ 5 s，

3）锻压阶段。在钎料流布钎缝内已切断焊接电流，电极压力继续保持，使液态钎料在凝固中的接头密合得牢固。当钎焊接头温度低于450℃时电极提起，去掉压力，取出紫铜线圈。

3. 停止操作

钎焊工作结束后，关闭焊接电源开关，关闭气路，然后经过 10 min 后再关闭冷却水。

4. 电阻钎焊操作的安全要求

（1）操作焊工必须戴防护眼镜，穿防护服，以免被金属飞溅物或焊件烫伤。

（2）点焊时电极压力大，操作时精神要集中，切勿把手放到电极间，以防压伤手指。

（3）当焊机短时停止工作时，必须将控制电路转换开关放在"断"的位置，切断控制电路，关闭进气、进水阀门。当较长时间停止工作时，必须切断控制电路电源，并停止水和压缩空气的供应。

第八章　感应钎焊安全

第一节　感应钎焊原理、特点和适用范围

一、感应钎焊原理

感应钎焊是依靠焊件在交流电的交变磁场中产生感应电流的电阻热来加热的钎焊方法。由于热量由焊件本身产生，因此加热迅速，焊件表面的氧化比炉中钎焊少，并可防止母材的晶粒长大和再结晶的发展。此外，还可实现对焊件的局部加热。

感应钎焊时，焊件放在感应器内（或附近），当交变电流通过感应器时，在其周围产生了交变磁场，由于电磁感应作用，使焊件内产生感应电流，将焊件迅速加热从而达到钎焊的目的。

二、感应钎焊特点

1. 感应钎焊加热速度快，由于高频电流的集肤效应和电流渗透深度，电流能高度集中于焊接区，加热速度相当快，生产效率高，易实现机械化生产。

2. 钎焊热影响区小，由于感应钎焊速度快，热输入较小，热量集中在很窄的连接表面上。而且焊件自冷作用强，不仅热影响区小，而且还不易发生氧化，从而可获得满意的焊缝。

3. 感应钎焊可采用各种钎料，广泛用于钎焊钢、铜及铜合金、不锈钢、铝及其合金等。

4. 可以在空气中进行钎焊（加钎剂），也可以在保护气体或真空中进行钎焊（可不加钎剂），并且既可用于软钎焊，也可用于硬钎焊。

不足之处是设备较复杂，一次性投资较大，只适用于钎焊比较小

的焊件及对称的接头，如管状接头、管与法兰、轴和盘等。

高频电路回路的高压部分对人身和设备的安全有威胁，要有特殊保护措施。

三、感应钎焊适用范围

感应钎焊广泛地用于钎焊钢、不锈钢、铜和铜合金等，适宜钎焊比较小的焊件，特别适用于对称形状的焊件，如管状接头、管与法兰、轴和盘的连接，还广泛用于机械加工用硬质合金刀具：车刀、刨刀、铣刀、铰刀等刃具的焊接；矿山工具：一字钎头、柱齿钎头、燕尾形煤钻头、铆杆钻头、各种采煤机截齿、各种掘进机截齿的焊接；以及各种木工刀具如各种木工刨刀、铣刀和各种木工钻头的焊接。

第二节　感应钎焊设备结构和原理

感应钎焊设备主要由感应电流发生器和感应圈组成。

一、感应电流发生器

感应电流发生器有中频感应电流发生器和高频感应电流发生器。

1. 中频感应电流发生器所用设备为中频发电机或可控硅中频发生器，其电源频率一般为 1 ~ 10 kHz。

2. 高频感应电流发生器的高频电源主要是电子管高频发生器，其电源频率为 30 ~ 700 kHz。

中频和高频发生器的型号与规格见表 8—1。

表 8—1　　　　　中频和高频发生器的型号与规格

型号	输出功率/kW	工作频率/kHz
DGF – C – 108 – 2	100	8.0
GP60 – C3	50	80 ~ 110
CYP100 – C2	85	30 ~ 40

型号	输出功率/kW	工作频率/kHz
GP8 – CR10	8	300～500
GP30 – CR11	30	200～300
GP60 – CR11	60	200～300

二、感应圈

感应圈是感应钎焊设备中的一个重要部件，应根据焊接接头的形状、尺寸及加热形态进行设计和制造。感应圈大部分由铜管制造，工作时管内通水进行冷却。感应圈的基本形式如图 8—1 所示。

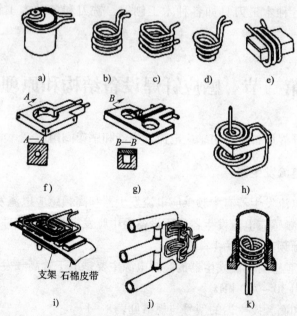

图 8—1　感应圈的基本形式

a) 单匝感应圈　b) ~ e) 多匝感应圈　f) 单匝铜板感应圈

g) 双工位铜板感应圈　h) 扁平式感应圈　i) 传送带式扁平感应圈

j) 特殊外形双工位感应圈　k) 内热式感应圈

感应钎焊设备的特点是加热快、效率高、可进行局部加热，且容易实现自动化。按照保护方式可以分为空气中感应钎焊、保护气体中感应钎焊、真空中感应钎焊。空气中感应钎焊必须使用钎剂，其他两种方法都不用钎剂。

高频感应焊机是目前感应钎焊的最佳方式，对刀头既可进行单个焊接，也可进行整体焊接。不但广泛用于各类铣刀、钻头、车刀、锯片等各种硬质合金的焊接，还可用于压力表、水压表、电磁阀、洁具、汽车部件、水暖管件、交流接触器触点、半导体元件等各种金属材料的焊接。无论是棒材、板材、管材，均可高质、高效、快速完成。

第三节　感应圈选择及感应加热电源安全使用要求

一、感应圈的选择

感应圈由纯铜管制造，有单匝和多匝之分，单匝感应圈的加热宽度小，多匝感应圈的加热宽度大。对于多匝感应圈，改变节距可使加热状态发生变化：节距小时加热宽度小，但加热深度大；节距大时则相反。节距一般为 1.5~2.5 mm。感应圈对加热的影响如图 8—2 所示。

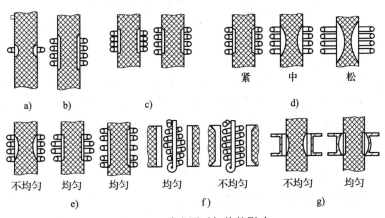

图 8—2　感应圈对加热的影响

a）单匝感应圈　b）多匝感应圈　c）感应圈节距对加热的影响
d）感应圈与焊件耦合对加热的影响　e）多匝外热式感应圈的调整
f）多匝内热式感应圈的调整　g）单匝外热式感应圈的调整

感应圈（见图8—3）是传递感应电流的部件，感应圈与焊件的耦合对加热的影响也比较明显。感应圈与焊件的耦合越紧越好，这时加热效率最高，加热均匀程度也比较好；当感应圈与焊件距离较大，即属于松耦合时，加热均匀程度进一步下降。当感应圈与焊件的距离较大时，改变感应圈的形状与节距，也能改善加热形态，如增加感应圈中间圈的直径或采用不等的节距。对于多匝内热式感应圈，为改善加热形态，也可用直径变化的感应圈。对于单匝外热式感应圈，可采用改变感应圈面积的方法来达到较均匀加热的目的。感应圈的选用对焊件加热的影响极大，正确选用感应圈的基本原则是：能针对所钎焊焊件的形状、尺寸，钎缝需要加热的位置等，来选择感应圈的形式，从而保证焊件加热迅速、均匀及效率高。

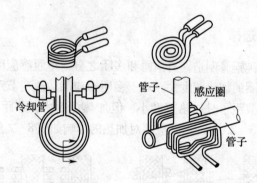

图8—3　感应圈及感应钎焊示意图

感应钎焊可使用各种钎料。由于钎焊加热速度很快，钎料和钎剂都在装配时预先放好。感应钎焊除可在空气中进行外（这时一定要加钎剂），也可在真空或保护气体中进行。在这种情况下，可同时将焊件和感应圈放入容器内，也可将装有焊件的容器放在感应圈内，而容器抽以真空或通保护气体。

二、感应加热电源安全使用要求

感应钎焊时，感应圈与焊接接头的距离对加热的影响很大，距离越近越好，此时加热效率高，加热均匀程度也比较好。但容易造成感应圈与焊件间发生短路，发生意外事故。因此，操作时一定要保持感应圈与焊接接头的合理距离，一般感应圈与焊接接头相距为 3～6 mm，准确无误后，才可以启动电源。

感应加热电源产生高频电磁场，对人体和周围物体都有作用，可使周围金属发热，可使人体细胞组织产生振动，引起疲劳、头晕等症状，因此，裸露在机壳外面的各高频导体需用薄铝板或铜板加以屏蔽，使工作场地的电场强度不大于 40 V/m，并且影响人身安全的最主要因素在于高频焊电源。高频发生器回路中的电压特高，一般在 5～15 kV。一定要严格遵守安全操作规程，严防触电事故发生。

第四节　感应钎焊操作规范

一、感应电流的选择

感应电流的强度与感应回路中交流电的频率成正比，频率高则感应电流大、加热速度快。但是频率越高，交流电的集肤效应越明显，加热的厚度越薄，焊件内部只能依靠表面层向内部热传导进行加热，导致加热不均匀的程度增大。另外，电流渗透深度又与焊件材质的电阻率和磁导率有关，电流渗透深度越深，表面效应越小；而磁导率越小，电流的渗透深度越大。钎焊时可根据焊件材质来选择感应电流，即选择频率。如钎焊钢时可选择较高的频率，而钎焊铜和铝时可选择较低的频率和较大的功率。

二、钎料的选择

1. 钎料的熔化温度范围要窄。
2. 钎料应制成预制件，且用量要适当。

三、热容量不等焊件的钎焊

当热容量不等的两个焊件感应钎焊时必须集中加热热容量较大的焊件，达到温度相同的目的。若加热位置不当则热容量较小的焊件很快达到钎焊温度，而热容量大的零件尚处于低温，此时钎料只能与热容量小的焊件润湿，造成单边焊缝及虚焊。

四、非磁性材料的感应钎焊

一般电阻率低的非磁性材料是难以感应加热到高温的，这时应采用辅助加热器。

五、铁磁与非磁性材料的钎焊

铁磁材料与非磁性材料的感应钎焊，一般先将非磁性材料预热到接近钎料的熔点，然后将非磁性焊件与铁磁性焊件在加热感应圈中进行钎焊。

六、有特殊要求焊件的钎焊

对于有特殊要求的焊件，如对于某些区域要求在焊接过程中不超过某一特定的温度，在该区必须采用保护措施。常用的方法有以下几种。

1. 反向感应圈法

在制造感应圈时，在需要保护的一端反绕感应圈。

2. 金属屏障和附加散热器

在需要保护的部分放置金属屏蔽罩或导电导热良好的非磁性材料的散热器，但采用散热器后会增加钎焊时间。

七、多个零件一次焊接成形

当多个零件需要一次性焊接成形时，可采用石英、耐火水泥、高温陶瓷等材料制成固定零件的模具、夹具。焊料一般选用片状钎料，配合助焊粉、助焊剂，要一次性加热完成。

注意，必须是一次性加热完成焊接工作。否则，焊件表面所形成的氧化层，会影响再次焊接。如不得不进行第二次焊接时，焊前一定要将焊接部位的氧化层清理干净。

对高强度的焊件，焊接后一般需要用保温箱或石灰粉进行 6 h 以上的保温冷却。防止快速冷却时使焊件产生细小裂纹，影响焊件的使用寿命。

第五节　感应钎焊操作

1. 八孔分液头感应钎焊

焊件图如图 8—4 所示。

技术要求

1. 八孔分液头采取感应钎焊。
2. 焊件由分液头本体与紫铜导管组成。
分液头本体材质为H68，在盘面上均布8个 ϕ10mm的孔，
在其内需钎焊8根 ϕ10mm×150mm×1.5mm的紫铜导管，
材质为T2。
3. 紫铜导管插入分液头本体深度为12mm。
4. 钎焊后分液头应保证接头致密无缺陷。

训练内容	材料	工时
八孔分液头感应钎焊	分液头本体H68、紫铜导管T2	20min

图 8—4　八孔分液头感应钎焊焊件图

2. 感应钎焊操作训练

（1）焊前准备

1）焊机。选择 WH‒Ⅵ‒16 感应钎焊机，如图 8—5 所示。

2）焊件及钎料、熔剂。焊件由分液头本体与紫铜导管钎焊组成。分液头本体材质为 H68，在盘面上均布 8 个 ϕ10 mm 的孔，在孔内钎焊 8 根 ϕ10 mm × 150 mm ×

图 8—5　WH‒Ⅵ‒16 焊机

1.5 mm 材质为 T2 的紫铜导管。

钎料选择黄铜钎料 HL103（型号 B－Cu54Zn）、钎剂选择 CJ301（硼砂），如图 8—6 所示。

图 8—6　分液头本体、紫铜导管、钎料和钎剂

3）清洗—装配。装配前，首先将分液头本体和紫铜导管在温度为 80～90℃ 的含有 10% NaOH 的水溶液中，浸泡时间为 8～10 min。然后用钢丝刷将分液头本体和紫铜导管钎焊接头部位清理干净，并露出金属光泽。用砂布对钎料表面氧化膜进行认真清理。然后将钎料在紫铜导管钎缝部位缠绕两圈，再插入到分液头本体孔内，如图 8—7 所示。

钎料缠绕两圈

图 8—7　分液头本体和紫铜导管装配

（2）焊接前操作

1）在启动感应钎焊机前，必须先检查冷却水系统、电源等是否正常。

2）用事先准备好的支架将分液头托起，放入感应钎焊机的感应加热圈内（见图 8—8），调整感应圈的位置与焊件同心，并调整好感应加热圈与焊件接缝处的上下高度与左右距离，然后，用手捏一些粉状的铜钎剂，分别均匀地撒到钎焊的接缝处。

（3）调试工艺参数

启动感应钎焊设备，初步选择焊接参数为电源频率 20 kHz，输入功率 30 kW，焊接速度 3～5 m/min。可通过试焊，找到最佳的焊接工艺参数。

（4）焊接操作

打开感应钎焊电源开关，感应加热圈对分液头进行加热，时刻观察焊件的受热状态，当焊接处开始升温，钎剂开始熔融冒出熔烟，接着钎料随着焊件变红，温度不断升高，缠绕在接缝处的固态钎料突然间成液态渗入焊缝内（见图8—9），此时，关闭焊接控制开关，完成焊接。

图8—8　将焊件放到感应圈内　　图8—9　钎料成液态渗入焊缝内

3. 感应钎焊操作注意事项

（1）感应钎焊设备应装电气联锁装置，保证机门未关前不能送电。高压合上后，不得随意打开机门。

（2）操作者开机前应检查设备冷却系统是否正常，正常后方可送电，并严格按操作规程进行操作。

（3）焊件应去除毛刺、铁屑和油污，否则在加热时容易与感应器产生打弧现象。打弧现象产生的电弧光既会损伤视力，也容易打坏感应器和损坏设备。

（4）感应钎焊设备应保持清洁、干燥和无尘土，工作中发现异常现象，首先应切断高压电，再检查排除故障。必须有专人检修感应钎焊设备，打开机门后，首先用电棒对阳极、栅极、电容器等放电，然后再开始检修，严禁带电抢修。

第九章　浸渍钎焊安全

第一节　浸渍钎焊原理、特点和适用范围

浸渍钎焊，也叫液体介质中钎焊，它是把焊件局部或整体浸入盐混合物溶液或钎料溶液中，依靠这些液体介质的热量来实现钎焊的过程。

浸渍钎焊根据使用的液体介质不同而分为两类，盐浴浸渍钎焊和金属浴浸渍钎焊。

一、盐浴浸渍钎焊原理和特点

1．原理

盐浴浸渍钎焊是将预选安放好适当形状钎料的焊件局部或整体浸入盐浴槽内，盐浴槽盛有熔态的盐混合物（称盐液），既能保护焊件免受氧化，又能供给钎焊热量，在所需热量作用下，钎料渗入接头间隙，达到钎焊的目的。

2．特点

盐浴钎焊的特点是生产效率高，易实现机械化，适用于批量生产。加热盐浴槽的方法是从坩埚壁外面进行加热或用装在盐槽中的电阻元件加热，主要用于硬钎焊。不足之处是必须连续生产，焊件形状必须有利于盐液能安全充满和流出。在钎焊过程中常需周期性地添加钎剂。

二、金属浴浸渍钎焊原理和特点

1．原理

金属浴浸渍钎焊是将装配好的焊件浸入熔态钎料中，依靠熔态钎

料的热量使焊件加热到规定温度。与此同时，钎料渗入接头间隙，完成钎焊过程。金属浴浸渍钎焊由于熔态钎料表面容易氧化，主要用于软钎焊。

2. 特点

金属浴钎焊的优点是焊件装配方便，不必放置钎料，生产效率高，特别适合钎缝多而复杂的焊件。缺点是焊件表面沾满钎料，增加了钎料的消耗量，还需将多余的钎料去除。另外由于钎料表面的氧化和母材的溶解，液态钎料成分容易发生变化，需要不断地加以精炼和必要的更新。

三、浸渍钎焊适用范围

浸渍钎焊由于液体介质的热量大、导热快，能迅速而均匀地加热焊件，钎焊过程是持续的，时间一般不超过 2 min，因此生产效率高，焊件变形、晶粒长大和脱碳等现象都不显著。焊接过程中液体介质不仅隔绝空气，而且保护焊件不受氧化，并且溶液温度能精确地控制在 ±5℃范围内，因此，钎焊过程容易实现机械化，有时钎焊的同时，还能完成淬火、渗碳、软化等热处理过程，由于这些特点，工业上广泛使用浸渍钎焊焊接各种合金，特别适用于大批量生产。

第二节　浸渍钎焊常用盐类及熔态钎料的选择

一、浸渍钎焊常用盐类

盐浴钎焊所用的盐作为导热介质时，须另加钎剂去除氧化膜。此法适用于铜基、银基钎料钎焊碳钢、合金钢、高温合金、铜及铜合金等。盐浴钎焊上述材料所用的盐的组成见表9—1。

盐浴钎焊所用的盐既作为导热介质又是钎剂时，适用于铝及铝合金的钎焊。所用盐的组成见表9—2。

表 9—1　　　　盐浴钎焊碳钢、合金钢、高温合金、
铜及铜合金等所用盐的组成

化学成分（质量百分比）/（%）				熔点/℃	钎焊温度/℃
NaCl	CaCl$_2$	BaCl$_2$	KCl		
30	—	65	5	510	570 ~ 900
22	48	30	—	435	485 ~ 900
22		48	30	550	605 ~ 900
—	50	50		595	655 ~ 900
22.5	77.5	—		635	665 ~ 1 300
		100		962	1 000 ~ 1 300

表 9—2　　　　盐浴钎焊铝及铝合金所用盐的组成

化学成分（质量百分比）/（%）					钎焊温度/℃
LiCl	KCl	NaCl	ZnCl$_2$	KF · AlF$_3$	
41	—	65	5	510	500 ~ 560
34	48	30		435	550 ~ 620
15 ~ 30	30 ~ 55	20 ~ 30	7 ~ 10	AlF$_3$ 8 ~ 10	500

二、浸渍钎焊常用的熔态钎料

　　金属浴钎焊可焊接碳钢、低合金钢、不锈钢、铜及铜合金、铝及
铝合金等金属材料，多用于软钎焊。熔态钎料的选择，见表 9—3 至
表 9—5。

1. 钎焊碳钢、低合金钢

　　钎焊碳钢、低合金钢的钎料有锡基、铅基、铜基、银基钎料，碳
钢及低合金钢钎焊钎料及钎剂的选择见表 9—3。

表9—3　　　　　碳钢、低合金钢钎焊钎料及钎剂的选择

钎料		钎剂型号或牌号	简要说明
种类	型号或牌号		
锡基及铅基钎料	HLSn60PbA	① ZnCl$_2$ 水溶液（FS312A）②FS311A③钎焊膏	碳钢、低合金钢钎焊用软钎料包括锡基、铅基、镉基和锌基钎料等
	HLSn90PbA		锡铅钎料温度最低，应用最广，而镉基钎料的耐热性最好
	HLSn40PbSbA		
	HLSn30PbSbA		对钎缝不要求高强度的调质钢，可选用熔点低的软钎料 HL600 进行钎焊，以防软化
	HLSn18PbSbA		
铜基钎料	BCu60ZnSn－R	QJ104	黄铜作钎料适用于火焰钎焊和感应钎焊、浸渍钎焊和气体保护炉中钎焊等
	BCu58Fe－R		
银基钎料	BAg45CuZn	QJl01 QJ102 QJ104	银基钎料焊后钎缝在强度上与铜基相差不大，但钎焊温度可以降低较大，且润湿性好、操作方便。适用于重要结构的钎焊，对调质钢、铜常选用熔点较低的 BAg40CuZnCrNi、BAg50CuZnCrCb、BAg40CuZnSnNi 等
	BAg50CuZn		
	BAg40CuZnCdNi		
	BAg50CuZnCd		
	BAg40CuZnSiNi		

2. 钎焊不锈钢

根据不锈钢的结构形式、用途、接头性能要求、钎焊温度等来选择焊料，钎焊不锈钢的钎料有锡铅、银基钎料等。钎料选定后再选择钎剂与之相配合。不锈钢钎焊时钎料与钎剂的选择见表9—4。

表9—4　　　　　　不锈钢钎焊钎料及钎剂的选择

钎料		钎剂型号或牌号	简要说明
种类	型号或牌号		
锡铅钎料	HLSn18PbSbA	①FS322A（氯化锌盐酸溶液）②FS321（磷酸）	不锈钢软钎料主要采用锡铅钎料，配合活性钎剂
	HLSn30PbSbA		
	HLSn40PbSbA		
	HLSn90PbA		

续表

钎料		钎剂型号或牌号	简要说明
种类	型号或牌号		
银基 钎料	BAg10CuZn	QJ101 QJ102 QJ103 QJ104	银基钎料是钎焊不锈钢最常用的钎料。其中 Ag—Cu—Zn、Ag—Cu—Zn—Cd 钎料应用最广，特别是含 Ti、Nb 的不锈钢
	BAg25CuZn		
	BAg45CuZn		
	BAg72Cu		
	BAg72CuNiLi		
	BAg50CuZnCdNi		

3. 钎焊铜及铜合金

软钎焊铜及铜合金的钎料有锡铅、镉基钎料等。钎焊铜及铜合金时钎料与钎剂的选择见表 9—5。

表 9—5　　　　铜及铜合金钎焊钎料与钎剂的选择

钎料		钎剂型号或牌号	简要说明
种类	型号或牌号		
锡铅 钎料	HLSn60PbA	①松香酒精溶液 ②活性松香 $ZnCl_2$ + NH_4Cl 水溶液 ③$ZnCl_2$ 盐酸溶液 ④磷酸溶液	铜及铜合金钎焊时所用软钎料为锡铅、镉基钎料及锌基钎料。为避免锡铅钎料与母材界面形成铜锡化合物，钎焊温度不宜过高
	HLSn18PbSbA		
	HLSn30PbSbA		
	HLSn40PbSbA		
	HLSn90PbA		
镉基 钎料	BAg10CuZn	QJ205	

4. 软钎焊铝及铝合金

（1）铝及铝合金的软钎焊用途不广泛，这是由于钎料与母材成分相差太大，从而导致电化学腐蚀较大，接头的耐腐蚀性差。如在钎料中提高 Zn 的含量有助于耐腐蚀性的提高。如在表面先镀铜或镍后再用 Sn – Pb 钎焊则不会产生界面腐蚀。

（2）选用钎焊温度低于 275℃ 的 HLSnPb 和 90Sn – 10Zn 钎料时，

可配合有机钎剂，如 QJ204。为防止钎剂碳化应避免热源与钎剂直接接触。但使用这类钎料的润湿性较差，钎料不能流入间隙，因此应预先涂敷钎料再进行钎焊。选用钎焊温度高于 275℃ 的锌基钎料（如 Zn60Cd、Zn58SnCu、Zn89AlCu 和 Zn95Al 等）时应采用反应钎剂，且以 ZnCl88% + NH4Cl10% + NaF2% 的钎剂性能最好。

（3）铝及铝合金软钎焊时钎料及钎剂的选择见表 9—6。

表9—6　　　　铝及铝合金软钎焊时钎料及钎剂的选择

| 类别 | 钎料 | | 操作难易 | 润湿性 | 钎剂类别 | 耐腐蚀性 | 对母材的影响 |
	熔化温度/℃	组成					
低温软钎料	150~260	Sn–Zn 系	容易	较好	有机焊剂	差	无
		Sn–Pb 系		较差			
		Sn–Pb–Cb 系		较好			
中温软钎料	260~370	Zn–Cb 系	中等	优	反应焊剂	中	对热处理强化合金铝有软化现象
		Zn–Sn 系		良			
高温软钎料	370~430	Zn–Al 系	较难	良	反应焊剂	较好	

第三节　浸渍钎焊设备操作规范和安全要求

一、浸渍钎焊操作规范

1. 盐浴钎焊操作规范

钎焊前必须预先装好钎料及钎剂（如用钎料为盐时可不用钎剂）。将焊件预热到150℃左右，目的是去除焊件及钎剂的水分，以免焊件放入盐槽后盐液产生飞溅，同时也能使焊件均匀加热，提高钎焊速度。焊前，焊件必须进行可靠地固定，以免焊件在盐液中由于电磁循环作用引起焊件及钎料发生错位。钎焊时，焊件应以一定的角度浸入盐浴槽中，以免空气被堵塞而阻碍盐液流入，造成漏焊。钎焊结束时焊件也以一定的倾角取出，以便盐液流出。但倾角不宜过大，否则尚未凝固的钎料会流失或堆积在一起。

2. 金属浴钎焊操作规范

金属浴钎焊操作时，施加钎剂有两种方法方法：一是先将焊件浸入钎剂溶液中或涂布在接头处，干燥后再进行金属浴钎焊；二是在液态钎料表面加一层钎剂，焊件通过熔态钎剂时就沾上了钎剂，同时表面的液体钎剂可以防止钎料的氧化。为了防止钎剂失效，必须不断更换或补充新的钎剂。

二、浸渍钎焊安全要求

浸渍钎焊耗电多、熔盐蒸气污染严重、劳动条件差。

浸渍钎焊分为盐浴浸渍钎焊和金属浴浸渍钎焊。盐浴浸渍钎焊时所用的盐类，多含有氯化物、氟化物和氰化物，它们在钎焊加热过程中会严重地挥发出有毒气体。金属浴浸渍钎焊时，在钎料中含有挥发性金属，如锌、镉、铍等，这些金属蒸气对人体十分有害，如铍蒸气甚至有剧毒。在软钎焊中所含的有机溶液蒸发出来的气体对人体也十分有害。因此，对上述这些有害气体和金属蒸气，必须采取有效的通风措施进行排除。

另外，在浸渍钎焊过程中，特别重要的是必须把浸入盐浴槽中的焊件彻底烘干，不得在焊件上留有水分，否则当浸入盐浴槽时，瞬间即可产生大量蒸气，使溶液飞溅，发生剧烈爆炸，造成严重的火灾和烧伤人体，在向盐浴槽中添加钎剂时，也必须事先把钎剂充分烘干，否则也会引发爆炸。

第四节 浸渍钎焊操作

1. 铝板换热器浸渍钎焊

焊件图如图9—1所示。

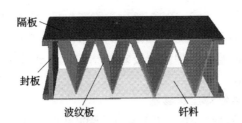

技术要求

1. 铝板换热器采取浸渍钎焊。
2. 焊件由波纹板、隔板、封板组成。全部材质为3A21(LF21)铝锰合金。
   隔板尺寸750mm×715mm×3mm（两块）、板厚3mm的波纹板外形尺寸715mm×700mm×344mm，槽形封板外形尺寸715mm×344mm×15mm（两个）。
3. 铝板换热器钎焊后应钎点牢固、无缺陷。

训练内容	材料	工时
铝板换热器浸渍钎焊	3A21(LF21)铝锰合金	30min

图9—1　铝板换热器浸渍钎焊焊件

2. 铝板换热器浸渍钎焊操作训练

（1）焊前准备

1）钎焊设备。不锈钢焊接而成的盐浴槽，盐浴槽为电极式盐浴电阻炉，盐浴槽的尺寸为 3 200 mm × 1 300 mm × 1 400 mm。功率为 250 kW。

2）焊件及钎料、熔剂

①焊件。由波纹板、隔板和封板组成。材质均为 3A21（LF21）铝锰合金。

②钎料。选择 HLAlSi7.5，熔化温度范围 577～612℃。钎料可制成箔状铺放在隔板上。但较多的情况下采取轧制方法将钎料复合在隔板上制成双金属板，从而简化装配工艺。

③熔剂。熔剂的成分为 KCl 4%、NaCl 52%、LiCl 34%、KF·AlF$_3$10%（熔点 480～520℃）。

3）焊件装配

①焊件先用3%～5% 的 Na$_2$CO$_4$溶液与2%～6% 601 洗涤剂的混

合液去油。

②然后在 5% ~10% NaOH 溶液中去除氧化膜。并用 20% ~40% 的 HNO₃溶液进行中和处理。之后用流动的清水冲洗，并烘干焊件。

③在夹具中装配成焊件图所要求的结构。外形尺寸为 715 mm × 750 mm × 350 mm。

（2）确定浸渍钎焊工艺参数

焊件进入盐浴炉前预热，其温度为 560℃加热，保持 3 h；盐浴槽的加热温度为 615℃；采取三次浸渍工艺：焊件在盐浴中的浸渍时间共 10 min（第一次 4 min，第二次 2 min，第三次 4 min）。

（3）钎焊前操作

将装配好的焊件放入功率为 250 kW 的预热炉中预热到 560℃，保持 3 h。其目的是提高焊件进入盐浴炉的温度；防止钎剂凝固阻塞焊件通道；预热可缩短钎焊时间。

（4）钎焊操作

1）将预热完毕的焊件立即浸入保持在 615℃ 的盐浴槽中进行钎焊。盐浴槽中的盐浴既是导热的介质，把焊件加热到钎焊的温度，又是焊接过程的熔剂。

2）采取三次浸渍工艺，第一次焊件以 30°左右的倾斜角度浸入。浸入的速度适当地慢一些，以利于空气排出。待焊件全部浸入时，再将焊件放平，保持 4 min 后，焊件从另一端以 30°的角度吊起离开盐浴面，待钎剂大部分排出后，第二次浸入。如此顺序进行三次浸渍，浸渍保持的时间是：第一次 4 min，第二次 2 min，第三次 4 min。焊件在盐浴中的加热时间共计 10 min。在最后一次倒盐时，应尽量将焊件中的钎剂排尽。

（5）钎焊后清洗

1）钎焊完毕之后，焊件在空气中冷却 90 min。待焊件中心温度降至 200 ~300℃时，即可在沸水中速冷。

2）倒出各通道中的内存水，去除钎剂造成的任何痕迹。

3. 渗漏检验

（1）用热空气干燥。

（2）进行渗漏检验，该换热器的设计压力为 0.6 MPa。经检验达到质量要求的标准为止。

4. 铝板换热器浸渍钎焊注意事项

（1）在铝板换热器浸入盐浴槽前必须彻底烘干，不得留有水分，以免使溶液飞溅，避免发生烧伤人体事故。

（2）工作现场应采取有效的通风措施，以除去有害气体和金属蒸气，保证作业人员安全操作。

第十章　炉中钎焊安全

　　将装配好的焊件放在炉中加热并进行钎焊的方法称为炉中钎焊。其特点是焊件整体加热,加热均匀、焊件变形小,不足是加热慢。但是一炉可以同时钎焊多个接头及焊件,以此可以弥补加热慢的不足,特别适合批量生产。

　　炉中钎焊可分为空气炉中钎焊、保护气氛炉中钎焊和真空炉中钎焊。

第一节　炉中钎焊原理及特点

一、空气炉中钎焊原理及特点

　　空气炉中钎焊是将装有钎料和钎剂的焊件放入一般的工业电炉中,加热至钎焊温度。钎剂熔化后去除钎焊处的表面氧化膜,熔化的钎料流入钎缝间隙,冷凝后即形成钎焊接头,如图10—1所示。

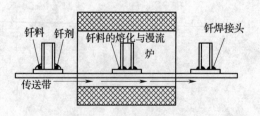

图10—1　炉中钎焊示意图

　　炉中钎焊焊件整体加热均匀,焊接变形很小;所用设备简单,生产成本较低;可一炉同时钎焊多个焊件。但是由于加热速度较慢，在空气炉中加热时焊件容易氧化，尤其在钎焊温度高时更为显著，不利于钎剂去除氧化物，所以空气炉中钎焊的应用受到限制，已逐渐为保护气氛钎焊和真空钎焊所取代。空气炉中钎焊目前较多地用于钎焊铝和铝合金，这时要求炉膛温度均匀，控温精度不低于 ±5℃。

二、保护气氛炉中钎焊原理及特点

保护气氛炉中钎焊的过程是将焊件置于通有氢气或惰性气体的耐热钢或不锈钢制成的密封容器内，再将容器放入电炉中进行加热钎焊（可用普通的电炉），钎焊后取出容器，钎焊件随着容器一起冷却。

保护气氛炉中钎焊的特点是：加有钎料的焊件是在保护气氛下的电炉中进行加热钎焊，这样可有效地避免空气入侵的不良影响。

根据所用气氛不同，保护气氛炉中钎焊可分为还原性气氛（如氢气）炉中钎焊和惰性气氛（如氩气、氦气等）炉中钎焊。

还原性气体的还原能力与氢气和一氧化碳的含量有关，且还取决于气体的含水量和二氧化碳的含量。气体的含水量是用露点来表示的。含水量越小，则露点越低。在高温时，氢气是许多金属氧化物的一种最好的活性还原剂，但是氢气也能使许多金属发生脆化，如铜、钛、锆、铌、钽等。此外，当空气中含氢量高于 4% 时，会成为一种易爆气体。因此，在硬钎焊时必须严格控制露点。对于氢的露点，一般是采用分子筛脱水净化，足以使氢的露点降到 -60℃。氢也可以采取同样方式脱水。钎焊时尽管已采取了净化方式脱水，但是在是否选用氢气作为保护气氛时，还应慎重，切不可大意。

三、真空炉中钎焊原理及特点

真空炉中钎焊是在真空条件下，不施加钎剂的一种较新的钎焊方法，由于焊件是在抽出空气的炉中或在焊接室的环境下进行钎焊的，因此，可以避免空气对焊件的不利影响。真空炉中钎焊具有如下几个特点。

1. 钎焊时由于不用钎剂，所以焊件避免了钎剂残渣的有害影响。

钎焊接头光亮致密，具有良好的力学性能和抗腐蚀性能，钎焊质量高。

2. 真空从根本上排除了空气，因此对所供给的气氛不需要提纯处理。

3. 焊件金属中的某些氧化物在真空钎焊温度下易分解。但是采用特殊技术，可以将真空钎焊广泛地应用于不锈钢、铝合金及用其他方法难以钎焊的金属。

4. 由于钎焊前预抽真空和冷却时要花费大量时间，在真空中热量的传递较困难，所以钎焊生产周期长。

5. 真空炉中钎焊不宜使用含蒸气压高的元素，因为在真空中金属的挥发会污染真空室和抽空系统。因此被焊金属中若含有大量的锌、镉、锰、镁和磷等元素，一般不宜采用这种钎焊方法。不过，如果能采用合适的真空钎焊技术是可以解决这一难题的。

6. 真空炉中钎焊所用设备复杂，投资较大。此外，对工作环境和焊工操作技术水平要求较高。

第二节　炉中钎焊设备结构和原理

一、保护气氛炉中钎焊设备结构和原理

保护气氛炉中钎焊设备主要由钎焊容器及供气系统组成。

钎焊容器的盖子通常是用胶圈密封，再用螺栓紧固的。容器上焊有保护气体的进气管和出气管。当保护气体比空气轻（如氢气）时，出气管应安置在容器的底部；保护气体比空气重（如氩气）时，出气管应安放在容器的上部，但是这种装置的生产效率低，只适用于小批量生产。为了提高生产效率，一般可设有钎焊室、冷却室和预热室，这种三室或多室结构目前来看比较先进，如图10—2所示为气体保护钎焊炉的结构。

供气系统主要由气源、净气装置、管道和阀门等部分组成。一般情况下，气源是直接采用瓶装气体供钎焊使用。为了安全起见，氢气是采用专门的分解器分解氨的办法提取的。

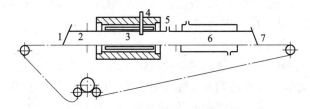

图 10—2　气体保护钎焊炉结构

1—入口炉门　2—预热室　3—钎焊室　4—热电偶
5—气体入口　6—冷却室　7—出口炉门

　　为了防止外界空气混入炉内，炉中所通的保护气体的压力高于大气压力。焊件输送和取出可以是人工的，也可以是自动的。这类炉子主要适用于钎焊碳钢。

二、真空炉中钎焊设备结构和原理

　　真空炉中钎焊的主要设备由真空钎焊炉和真空系统两部分组成，如图 10—3 所示。

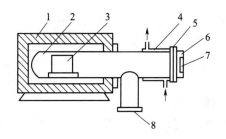

图 10—3　真空钎焊炉示意图

1—电炉　2—真空容器　3—焊件　4—冷却水套　5—密封环
6—容器盖　7—窥视孔　8—接真空系统

1. 真空钎焊炉

真空钎焊炉有热壁炉和冷壁炉两种。

（1）热壁炉

　　它实质是一个由不锈钢或耐热钢制成的密封真空钎焊容器。真空室与加热器是分开的。它的原理是在室温时先将装有钎焊件的容器中的空气抽出，然后将容器推进炉内，在炉中加热钎焊（此时继续抽真空），钎焊后从炉中取出容器，在空气中快速冷却。

（2）冷壁炉

它是由多层表面光洁的薄金属板组成的，其炉壁为双层水冷结构，内置热反射屏。冷壁炉的真空室是建立在加热室内，即加热炉与真空钎焊室为一体。钎焊后焊件必须随炉冷却，这样对生产效率的提高却有一定的限制。

2. 真空系统

真空系统主要由真空机组、真空管道、真空阀门三部分组成。真空机组一般由旋片式机械泵和油扩散泵组成。单用机械泵只能获得 1.35×10^{-2} Pa 的真空度，如果同时使用油扩散泵就能获得 1.35×10^{-4} Pa 的真空度。

第三节　常用保护气体及性质

保护气氛炉中钎焊常用的保护气体有还原性气体氢气和惰性气体氩气。

一、氢气

1. 氢气的性质

氢气无色、无味、难溶于水；氢气的密度是气体中最小的，可用来充气球；氢气具有还原性，可以夺取金属氧化物中的氧元素，可以用来冶炼金属。

在常温下，氢气的化学性质是稳定的。在点燃或加热的条件下，氢气很容易和多种物质发生化学反应。纯净的氢气在点燃时，可安静燃烧，发出淡蓝色火焰，放出热量，有水生成。在点燃氢气之前，一定要先检验氢气的纯度，因为不纯的氢气点燃时可能发生爆炸。

氢气不但能跟氧单质反应，也能与某些化合物里的氧发生反应。例如，将氢气通过灼热的氧化铜，可得到红色的金属铜，同时有水生成。

氢气具有还原性，是很好的还原剂，能从氧化物中还原出中等活泼或不活泼的金属粉末。氢气还可以还原其他一些金属氧化物，如三氧化钨（WO_3）、四氧化三铁（Fe_3O_4）、氧化铅（PbO）、氧化锌（ZnO）等。

氢气具有可燃性，燃烧时有浅蓝色火焰，发热量是液化石油气的两倍半。

氢气是一种易燃易爆的气体，氢气在空气中燃烧的火焰温度可达1 500℃。

在氧气中燃烧的火焰温度可达2 000～3 000℃。它的渗透力大、穿透力很强，在高温、高压下它可以穿透很厚的钢板。空气里如混入氢气的体积达到总体积的4%～74.2%，一旦遇有火花，即可引起燃烧或爆炸。根据氢气的危险特性，在运输、储存和使用氢气过程中必须注意防火防爆。

2. 氢气瓶安全使用要求

保护气氛炉中钎焊使用的氢气多以瓶装供应，一般氢气瓶的容积为40 L，瓶内充装高压气体，工作压力为15 MPa，最高使用压力为18 MPa。

（1）使用瓶装氢气时应注意的安全事项

1）必须保证工作场所具备良好的通风条件，空气中的氢气含量必须低于1%。

2）任何时候，应将氢气瓶妥善固定，防止倾倒或受到撞击。

3）凡是与氢气接触的部件、装置、设备，不得沾有油类、灰尘和润滑脂。

4）使用时，氢气瓶阀应缓慢打开，且氢气流速不可过快。如果瓶阀损坏了或者无法用手打开，不得用扳手等工具强制将其打开。

5）不得将氢气瓶靠近热源，距离明火应10 m以上。氢气瓶禁止敲击、碰撞或带压紧固、修理。

6）氢气瓶中断使用或暂时中断使用时，瓶阀应完全关闭。氢气瓶内气体禁止用尽，必须留有不低于0.05 MPa的剩余压力。

（2）搬运、装卸氢气瓶时应注意的安全事项

1）搬运和装卸氢气瓶的人员至少应穿防砸鞋，禁止吸烟。搬运氢

气瓶时，应使用叉车或其他合适的工具，禁止使用易产生火花的机械设备和工具。

2）在搬运氢气瓶时，氢气瓶应装上防震垫圈，旋紧安全帽，以保护阀门，防止氢气瓶意外转动和减少碰撞。装好氢气瓶应加以固定，避免运输途中滚动碰撞。氢气瓶装卸时应轻装轻卸，严禁抛、滑、碰及拖拉。

3）吊装时，应将氢气瓶放置在符合安全要求的容器中进行吊运。禁止使用电磁起重机和用链绳捆扎，或将瓶阀作为吊运着力点。

（3）储存氢气瓶时应注意的安全事项

1）氢气瓶应放在干燥、通风良好、凉爽的地方，远离腐蚀性物质，禁止明火及其他热源，防止阳光直射，库房温度不宜超过30℃。禁止将氢气瓶存放在地下室或半地下室内。库房内的照明、通风等设施应采用防爆型，开关设在仓外。配备相应品种和数量的消防器材。

2）空瓶和实瓶应分开放置，并应设置明显标志。应与氧气、压缩空气、卤素（氟、氯、溴）、氧化剂等分开存放。切忌混储混运。

3）应定期（用肥皂水）对氢气瓶进行漏气检查，确保无漏气。

4）气瓶放置应整齐，立放时，应妥善固定；横放时，瓶阀应朝同一方向。

二、氩气

1. 氩气的性质

氩气是一种理想的保护气体，一般是将空气液化后采用分馏法制取，是制氧过程中的副产品。

氩气在室温下是无色、无味的气体，沸点为 – 185.87℃，在它放电时呈紫色。由于原子外层轨道充满电子，因此，它不容易发生化学反应，是一种惰性气体。氩占大气体积的 0.93%，是在大气中含量最多的惰性气体。

氩气为惰性气体，对人体无直接危害。但是，如果工业使用后，产生的废气则对人体危害很大，会造成矽肺、眼部损坏等情况。

氩本身无毒，但在高浓度时有窒息作用。当空气中氩气浓度高于

33% 时就有窒息的危险。当氩气浓度超过 50% 时，出现严重症状，浓度达到 75% 以上时，能在数分钟内死亡。液氩可以伤皮肤，眼部接触可引起炎症，所以生产场所要通风。

氩气的密度大，可形成稳定的气流层，氩弧焊时覆盖在熔池周围，对焊缝金属有良好的保护作用。氩气还是惰性气体，在常温下不与其他物质发生化学反应，高温时也不溶于液态金属中，故常用于有色金属的焊接。

2. 氩气瓶安全使用要求

保护气氛炉中钎焊用氩气以瓶装供应，氩气瓶的容积一般为 40 L，属于压缩气瓶，瓶内充装高压气体，工作压力为 14.7 MPa。满瓶可装 6 m^3 氩气。

（1）运输和装卸气瓶时，必须盖好瓶帽，轻装轻卸，严禁抛、滑、滚碰。

（2）多数气瓶装在车上，应安放牢固。若卧放时，头部应都朝向一方，垛高不得超过车厢高度，且不得超过 5 层。夏季应有遮阳措施，避免暴晒。

（3）使用气瓶时，要直立放置，要安装专用的流量减压器，并要有防止倾倒的措施。

（4）使用气瓶时不得靠近热源，应距热源 10 m 以上，室外使用气瓶应有防止烈日暴晒的措施。

（5）气瓶用后应留有剩余气体，以便灌瓶时抽查检验，并防止空气及杂质混入。

三、氮气

1. 氮气的性质

氮是一种化学元素，它的化学符号是 N，原子序数是 7。在常态下是一种无色、无味、无臭的气体，且通常无毒。氮通常的单质形态是氮气。在标准状况下是无色、无味、无臭的双原子气体。氮气是地球大气中最多的气体，占总体积的 78.09%。在标准状态下的气体密度是 1.25 g/L，氮气在标准大气压下，冷却至 −195.8℃ 时，变成没有颜色的液体，冷却至 −209.86℃ 时，液态氮变成雪状的固体。

氮气在水里溶解度很小，在常温常压下，1 体积水中大约只溶解0.02 体积的氮气。氮气在极低温度下会液化成白色液体，进一步降低温度时，更会形成白色晶状固体。在生产中，通常采用灰色钢瓶盛放氮气。

氮气的化学性质很稳定，常温下很难跟其他物质发生反应，但在高温、高能量条件下可与某些物质发生化学反应，用来制取对人类有用的新物质。

氮气是氮肥工业的主要原料。氮在冶金工业中主要是用作保护气，如轧钢、镀锌、镀铬、热处理；连续铸造以及炉中钎焊等都要用它作保护气。此外，向高炉中喷吹氮气，可以改进铁的质量。氮气广泛应用于电子工业、化学工业、石油工业和玻璃工业。

2. 氮气的危害与防护

氮气虽然无毒、无味，但它是一种能使人或动物窒息的气体。人长期处于氮含量高于 82% 的环境中，会因严重缺氧而在数分钟内窒息死亡。人一旦吸入氮气，应将其移至新鲜空气处。如果已停止呼吸，应进行嘴对嘴人工呼吸；如果呼吸困难，应及时输氧，并请医生处置。

四、天然气

1. 天然气的性质

天然气是一种易燃易爆气体，和空气混合后，温度只要达到550℃就能燃烧。在空气中，天然气的浓度只要达到 5% ~15% 就会爆炸。

天然气无色，比空气轻，不溶于水。1 m^3 气田天然气的质量只有同体积空气的 55% 左右，1 m^3 油田伴生气的质量，只有同体积空气的75% 左右。

天然气的主要成分是甲烷，本身无毒，但如果含较多硫化氢，则对人有毒害作用。如果天然气燃烧不完全，也会产生一氧化碳等有毒气体。

天然气的热值较高，1 m^3 天然气燃烧后发出的热量是同体积的人工煤气（如焦炉煤气）的两倍多，即 $35.6 \sim 41.9 \text{ MJ/m}^3$（合 8 500 ~ 10 000 kcal/m^3）。

　　天然气可液化，液化后其体积将缩小为气态的 1/600。每立方米天然气完全燃烧需要大约 10 m³ 空气助燃。

　　一般油田伴生气略带汽油味，含有硫化氢的天然气略带臭鸡蛋味。

2. 天然气的危害与防护

　　天然气的主要成分是甲烷，甲烷本身是无毒的，但空气中的甲烷含量达到 10% 以上时，人就会因氧气不足而呼吸困难，眩晕虚弱而失去知觉、昏迷甚至死亡。

　　天然气中如含有一定量的硫化氢时，也具有毒性。硫化氢是一种具有强烈臭鸡蛋味的无色气味，当空气中的硫化氢浓度达到 0.31 mg/L 时，人的眼、口、鼻就会受到强烈的刺激而造成流泪、怕光、头痛、呕吐；当空气中的硫化氢含量达到 1.54 mg/L 时，人就会死亡。因此，国家规定：对供应城市民用的天然气，每立方米中硫化氢含量要控制在 20 mg 以下。

五、液化石油气

1. 液化石油气的性质

　　液化石油气是油田开发或炼油厂石油裂解的副产品，其主要成分是丙烷（C_3H_8）、丁烷（C_4H_{10}）、丙烯（C_3H_6）、丁烯（C_4H_8）和少量的乙烷（C_2H_6）、乙烯（C_2H_4）等碳氢化合物。

　　工业上使用的液化石油气，是一种略带臭味的无色气体。在标准状态下，其密度为 1.8 ~ 2.5 kg/m³，比空气重。

　　液化石油气在 0.8 ~ 1.5 MPa 的压力下，即由气态转化为液态，便于装入瓶内储存和运输。

　　液化石油气的主要组成物是丙烷。丙烷在氧气中的燃烧温度为 2 000 ~ 2 850℃。

　　液化石油气在氧气中的燃烧速度也低，约是乙炔的一半。完全燃烧所消耗的氧气量比使用乙炔时大。

2. 液化石油气安全使用要求

　　液化石油气与空气或氧气形成的混合气体具有爆炸性，使用时有以下安全要求。

（1）瓶装液化石油气使用时只能直立放置，不能横放。

（2）运输及搬运时应避免剧烈的振动和撞击，以免造成液化石油气瓶爆炸。

（3）液化石油气减压器与液化石油气瓶的瓶阀连接必须可靠，严禁在漏气的状况下使用。

第四节　炉中钎焊操作规范

一、空气炉中钎焊操作规范

空气炉中钎焊时，钎剂可以调成糊状或水溶液，也可以制成粉状使用。通常是将其先涂在间隙内和钎料上，然后放入炉中钎焊。为了达到缩短焊件在高温中停留的时间，应先将炉温升到高于钎焊温度，再放入焊件进行钎焊。

确保钎焊质量的一个重要环节是严格地控制焊件加热的均匀性。对于那些体积较大且较复杂，组合件各处的截面有差异的焊件，采用炉中钎焊时应注意以下几个要点。

1. 应保证炉内温度的均匀。

2. 焊件钎焊前应先在低于钎焊温度下保温一段时间，尽量使焊件整体温度一致。

3. 对于截面有较大差异的焊件，在薄截面的一侧与加热体之间应放置隔热屏（金属块或板）。

4. 铝合金钎焊时，应严格控制炉温和钎焊温度，其两者温度波动都不应超过 ±5℃。而且必须保证炉膛温度均匀。

二、保护气氛炉中钎焊操作规范

1. 采用还原气氛钎焊时，炉子或容器加热时应先通 10 ~ 15 min 的氢气，以充分排出炉中的空气，直至出气口火焰正常燃烧后，再开始加热。当使用中性气体的炉子或容器时，对其进行抽真空→充氩→抽真空→充氩的程序，重复数次，即可将容器中的残留空气大量排出，然后加热钎焊，便能获得很好的钎焊效果。

2. 在钎焊加热的整个过程中，应连续不断地向炉中或容器内输入保护气体，将混杂的气体全部排出炉外，使焊件在流动的保护气氛中完成钎焊。

3. 将排出的氢气点火，使之在出气口烧掉，避免氢气在炉旁富集而造成爆炸。

4. 不能仅靠检验炉温来控制加热，而必须直接检测焊件温度，对于大件或复杂结构，应检测其多点温度。

5. 钎焊结束断电后，炉温和容器的温度开始下降，当温度降至150℃以下时，再断送保护气体，这样可以保护加热元件和焊件不被氧化，对于氢气来说，也是为了防止爆炸。

三、真空炉中钎焊操作规范

将加有钎料的焊件装入炉膛（或装入钎焊容器），关闭好炉门（或封闭钎焊容器盖）。加热前将炉中空气抽出，先启动机械泵，待真空度达到 1.33 Pa 后转动转向阀，关断机械泵与钎焊炉的直接通路，使机械泵通过扩散泵与钎焊炉相通，利用机械泵与扩散泵同时工作，来抽出钎焊炉中的空气并达到所要求的真空度，然后通电。由于真空系统和钎焊炉各接口处会出现空气渗漏，炉壁、夹具及焊件等吸附的气体和水汽要释放，金属与氧化物受热挥发等现象，均会降低炉中的真空度。因此，在升温加热的全过程中真空机必须持续工作，才能维持炉中的真空度。

尽管这样，钎焊炉在升温后能维持的真空度也比常温时要低半个至一个数量级。

加热保温的工作结束后，还要继续抽空或向炉中通入保护气体，使得焊件在真空或保护气氛中冷却至150℃以下，防止发生氧化。

第五节 炉中钎焊操作

1. 自行车车架接头炉中钎焊
焊件图如图10—4所示。

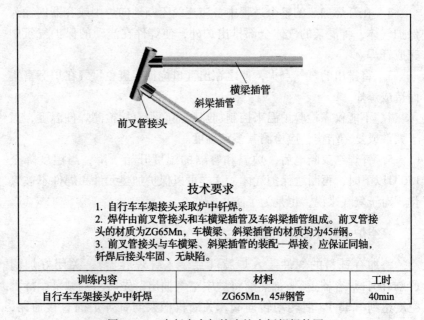

技术要求

1. 自行车车架接头采取炉中钎焊。
2. 焊件由前叉管接头和车横梁插管及车斜梁插管组成。前叉管接头的材质为ZG65Mn，车横梁、斜梁插管的材质均为45#钢。
3. 前叉管接头与车横梁、斜梁插管的装配—焊接，应保证同轴，钎焊后接头牢固、无缺陷。

训练内容	材料	工时
自行车车架接头炉中钎焊	ZG65Mn，45#钢管	40min

图10—4 自行车车架接头炉中钎焊焊件图

2. 炉中钎焊操作训练

（1）焊前准备

1）钎焊设备。选择真空钎焊炉钎焊，真空钎焊炉的构成如图10—5所示。

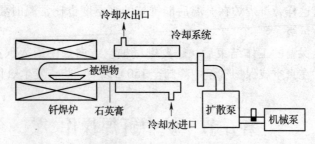

图10—5 真空钎焊炉示意图

2）焊件及钎料、钎剂（见图10—6）

①焊件。由前叉管接头和横梁插管及斜梁插管组成。前叉管接头

的材质为 ZG65Mn，车横梁、斜梁插管的材质均为 45#钢。

②钎料。自行车车架是受动载荷作用，为保证强度，钎料选用高强度铜基型 BCu97NiB 铜基钎料。

③钎剂。选用 CJ301（硼砂）。

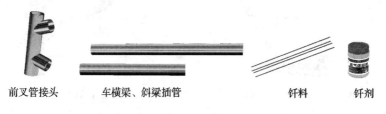

前叉管接头　　　　车横梁、斜梁插管　　　　　　钎料　　　钎剂

图 10—6　自行车车架部件及钎料、钎剂

3）钎焊前焊件装配。首先用钢丝刷将前叉管接头及横梁插管、斜梁插管清理干净，并露出金属光泽。用砂布对钎料表面氧化膜进行认真清理。将横梁插管及斜梁插管插入前叉管接头内，搭接量为 35 mm，保证前叉管接头与横梁插管、斜梁插管同轴。然后将丝状钎料在芯棒上预弯成环，套在接头处，如图 10—7 所示。

（2）确定真空炉中钎焊工艺参数

冷态真空度为 1.33 Pa，钎焊炉中压力为 2~3 Pa。

加热程序：初始温度 950℃——稳定 10~15 min。继续加热到 1 100℃——保温 5 min——冷却至 950℃——快速冷却低于 650℃——出炉。可通过试焊，找到最佳的钎焊工艺参数。

（3）焊接前操作

按图 10—7 所示位置将焊件装入真空炉内的钎焊容器中，封闭钎焊容器盖。

1）先启动机械泵将炉中空气抽出，待真空度达到 0.5 Pa 后转动转向阀，关断机械泵与钎焊炉的直接通路，此时机械泵通过扩散泵与钎焊炉相通，利用机械泵与扩散泵同时工作，来抽出钎焊炉中的空气并达到所要求的真空度 1.33 Pa。然后通电加热。

2）当真空炉内加热到 950℃，填充高纯氮气，使炉中压力上升 2~3 Pa，稳定 10~15 min。继续加热到 1 100℃，保温 5 min。随炉内压力冷却至 950℃，然后快速冷却到 650℃以下出炉。

3）检查焊件，保证钎缝饱满，钎料润湿均匀，致密性好，如图10—8所示，完成真空炉中钎焊操作。

图10—7　放置丝状钎料

丝状钎料
套在接头处

图10—8　完成的真空钎焊自行车架

第十一章　电弧钎焊安全

第一节　电弧钎焊原理和安全特点

一、电弧钎焊原理及特点

电弧钎焊时，焊件与熔化极之间及周围以氩气作保护气体，用熔点较低的金属或合金作填充钎料为电弧的一个电极，从焊枪中连续送进钎焊区形成钎焊焊缝，这种钎焊方法称为氩弧钎焊。

氩弧钎焊可分为钨极氩弧钎焊和熔化极氩弧钎焊。

钨极氩弧钎焊时，先将氩气流量、工作电流依次调整好，把焊件中欲焊接的位置摆妥，当焊接处温度上升到钎料熔点的一霎时，即将钎料送入焊接处，待钎料熔化并润湿流散在接头的缝隙中时，熄灭电弧，这时焊枪喷嘴仍然对准钎焊处，滞后送气数秒钟时间，根据接头的大小，在氩气保护及冷却下，钎焊处温度降到不发生氧化的温度时，即可切断保护气体，移开焊枪，钎焊结束。

在中、大型电子管中，螺旋形阴极与铝支持杆、光刻或电火花加工的网状栅极等要求具有较高强度的接缝，采用钨极氩弧钎焊较为合适。

熔化极氩弧钎焊则以铝青铜为焊丝，采用脉冲电流，可对低碳钢薄板进行钎焊，其钎焊焊缝平整光滑、效率高。

在纯氩气保护下的熔化极气体保护焊，具有焊丝熔化速度快、电弧稳定性好、熔深浅、焊速快等工艺特点。采用低熔点的铜基焊丝钎料，控制焊接热输入量最低，母材不熔化；焊丝迅速熔化并渗透于焊缝间隙中，形成钎焊接头。

氩弧钎焊中应注意焊接电流不能选择过大，加温时间不能过长。该法若运用得当，钎料熔点可高于母材，即在操作时，先将钎料接触在焊接处成导电状态，由钎料引弧，钎料先熔化，以钎料的热传导及氩弧的余热使接头达到一定的温度，钎料滴到接头处，并且润湿流散完成钎焊连接。

电弧钎焊是一种利用电弧加热焊件和填充钎料的钎焊方法，兼有钎焊和电弧焊的特点。与普通电弧熔化焊相比，电弧钎焊具有以下明显的优势。

1. 钎焊接头的力学强度高，焊接热影响区小，成形美观，对表面光洁度要求不高，焊后不用清洗，这些都是常规电弧焊和钎焊难以实现的。

2. 电弧钎焊具有变形量小、热影响区过热度低的特点，既可发挥电弧特有的"阴极雾化"去除氧化膜，克服钎剂对母材的腐蚀副作用，又可通过控制焊接规范参数，方便、灵活地调节钎料形缝时的热输入量，这在焊接精密零件、薄的碳钢及不锈钢板和低沸点、易蒸发的镀锌钢板时效果较好。

3. 电弧钎焊电弧加热集中、热输入量小，操作方便，节能高效又易于实现自动化。

二、电弧钎焊安全特点

电阻焊接镀层板时，产生有毒的锌、铝烟尘，闪光对焊时有大量金属蒸气产生，修磨电极时有金属尘，其中镉铜和铍钴铜电极中的镉与铍均有很大毒性，有可能导致中毒事故的发生。

焊接用氩气大多以气态形式装入气瓶中，每瓶大约可装 7 000 L 气体，气瓶为灰色，用绿漆标明"氩气"字样，目前我国常用氩气瓶的容积为 33 L、40 L、44 L，最高工作压力为 15 MPa。

氩气瓶在使用中严禁敲击、碰撞；不得用电磁起重机搬运氩气瓶；夏季要防日光暴晒；瓶内气体不能用尽；氩气瓶应直立放置。

氩气管道应该是密封、不漏气，防止气体泄漏到工作场所的空气中，要配备泄漏应急处理设备。

氩气对人体无直接危害，但是，如果工业使用后，产生的废气则对人体危害很大。在高浓度时有窒息作用。当空气中氩气浓度高于 33% 时就有窒息的危险。当氩气浓度超过 50% 时，出现严重症状，浓度达到 75% 以上时，能在数分钟内死亡。因此，生产场所要保持良好通风。

第二节 电弧钎焊设备结构和原理

一、钨极氩弧钎焊设备结构和原理

钨极氩弧钎焊设备主要由焊接电源、控制系统、焊枪、供气及冷却系统等部分组成，如图11—1所示。

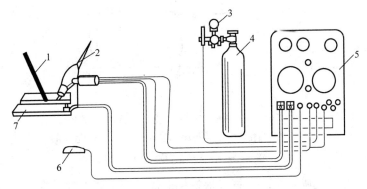

图11—1 钨极氩弧钎焊设备示意图

1—钎料 2—焊枪 3—流量调节器 4—氩气瓶 5—焊机 6—遥控盒 7—焊件

1. 焊接电源

采用具有陡降外特性弧焊电源。在电弧长度受到干扰变化时，焊接电流的变化较小，电弧燃烧稳定。

2. 控制系统

控制系统主要用来控制和调节气、水、电的各个工艺参数以及启动和停止焊接之用。不同的操作方式有不同的控制程序，但大体上按下列程序进行。

当按动启动开关时，接通电磁气阀使氩气通路，经短暂延时后（延时线路主要是控制气体提前输送和滞后关闭之用），同时接通主电路，给电极和焊件输送空载电压和接通高频引弧器使电极和焊件之间产生高频火花并引燃电弧。电弧建立后，即进入正常的焊接过程。

当焊接停止时，启动关闭开关，焊接电流衰减；经过一段延时后，主电路电源切断，同时焊接电流消失；再经过一段延时，电磁气阀断开，氩气断路，此时焊接过程结束。

3. 焊枪

焊枪的作用是装夹钨极、传导焊接电流、输出氩气流和启动或停止焊机的工作系统。气冷式焊枪如图 11—2 所示。

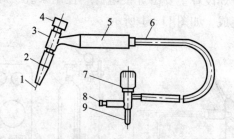

图 11—2　QQ-85°/150-1 型气冷式氩弧焊枪

1—钨极　2—陶瓷喷嘴　3—枪体　4—短帽　5—手把　6—电缆
7—气体开关手轮　8—通气接头　9—通电接头

焊枪上的喷嘴是决定氩气保护性能优劣的重要部件，常见的喷嘴形状如图 11—3 所示。圆柱带锥形和圆柱带球形的喷嘴，保护效果最佳，氩气流速均匀，容易保持层流，是生产中常用的一种形式。圆锥形的喷嘴，因氩气流速变快，气体挺度虽好一些，但容易造成紊流，保护效果较差，但操作方便，便于观察熔池，也经常使用。

4. 供气系统

供气系统包括氩气瓶、氩气流量调节器及电磁气阀等。

（1）氩气瓶

焊接用氩气以瓶装供应，其外表涂成灰色，并且注有绿色"氩气"字样。氩气瓶的容积一般为 40 L，在温度 20℃ 时的满瓶压力为 14.7 MPa。

（2）氩气流量调节器

它不仅能起到降压和稳压的作用，而且可方便地调节氩气流量。氩气流量调节器的外形如图 11—4 所示。

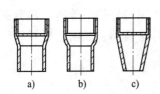

图 11—3　常见喷嘴形状示意图

a）圆柱带锥形　b）圆柱带球形　c）圆锥形

图 11—4　氩气流量调节器

（3）电磁气阀

电磁气阀是开闭气路的装置，由延时继电器控制，可起到提前供气和滞后停气的作用。

5. 冷却系统

用来冷却焊接电缆、焊枪和钨极。如果焊接电流小于 150 A 可以不用水冷却。使用的焊接电流超过 150 A 时，必须通水冷却，并以水压开关进行控制。

二、熔化极氩弧钎焊设备结构和原理

熔化极氩弧钎焊设备主要由焊接电源、送丝机构及焊枪、供气系统、控制系统等组成，如图 11—5 所示。

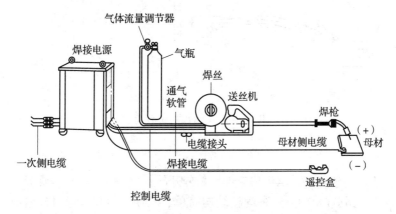

图 11—5　熔化极氩弧钎焊设备示意图

1. 焊接电源

熔化极氩弧钎焊设备采用交流电源焊接时电弧不稳定，飞溅较大，通常选用等速送丝式、电弧自动调节作用最好的平外特性的直流弧焊电源。常用的弧焊电源有抽头式硅弧焊整流器、晶闸管弧焊整流器及逆变弧焊整流器。

2. 送丝机构及焊枪

(1) 送丝机构

送丝机构由送丝电动机、减速装置、送丝滚轮、送丝软管和焊丝盘组成。盘绕在焊丝盘上的焊丝经较直轮校直后，经过安装在减速器输出轴上的送丝轮，通过送丝软管送到焊枪（推丝式）或者焊丝先经过送丝软管，然后再经过送丝滚轮送到焊枪（拉丝式）。

送丝机构为等速送丝式，其送丝方式有：推丝式、拉丝式、推拉式三种，如图 11—6 所示。

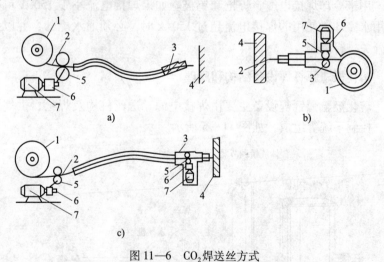

图 11—6 CO_2 焊送丝方式

a）推丝式 b）拉丝式 c）推拉式

1—焊丝盘 2—焊丝 3—焊枪 4—焊件 5—送丝滚轮 6—减速器 7—电动机

1）推丝式。送丝机构与焊枪是分开的（见图 11—6a），焊丝经一段软管送到焊枪中。这种焊枪结构简单、轻便，但焊丝通过软管时受到的阻力大，因而软管长度受到限制，通常长度范围为 2 ~ 4 m。目前

CO_2焊多采用推丝式送丝。

2）拉丝式。送丝机构与焊枪合为一体（见图11—6b），没有软管，送丝阻力小，送丝较稳定，操作活动范围加大，但焊枪结构复杂，适用细焊丝（直径为0.5～0.8 mm）送丝，目前熔化极钎焊多采用拉丝式送丝。

3）推拉式。这种结构是以上两种送丝方式的组合（见图11—6c），结构较为复杂。送丝时以推为主，同时焊枪上装有拉丝轮，可将焊丝拉直减小焊丝在软管内的摩擦阻力。可使软管加长到15 m左右，这样加大了操作的灵活性。

送丝机构需定期进行保养，尤其是送丝弹簧软管，当使用一段时间后，软管内会有一些油垢、灰尘、锈迹等增加送丝阻力。需定期将弹簧软管置于汽油槽中进行清洗，以延长使用寿命。

（2）焊枪

按送丝方式可分为推丝式焊枪和拉丝式焊枪；按结构可分为鹅颈式焊枪（见图11—7）和手枪式焊枪（见图11—8）。按冷却方式可分为空气冷却焊枪和内循环水冷却焊枪。焊枪上的喷嘴和导电嘴是焊枪的主要零件，直接影响焊接工艺性能。

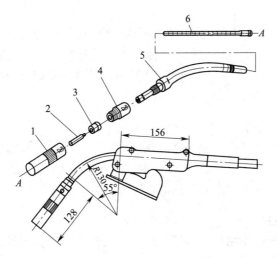

图11—7 鹅颈式焊枪

1—喷嘴 2—导电嘴 3—分流器 4—接头 5—枪体 6—弹簧软管

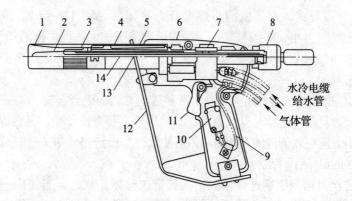

水冷电缆
给水管

气体管

图 11—8　手枪式水冷焊枪

1—焊枪　2—焊嘴　3—喷管　4—水桶装配件　5—冷却水通路　6—焊枪架
7—焊枪主体装配件　8—螺母　9—控制电缆　10—开关控制杆
11—微型开关　12—防弧盖　13—金属丝通路　14—喷嘴内管

1）喷嘴。一般为圆柱形。内孔直径为 12～25 mm，选用较大焊接电流时，应用较大喷嘴，小电流时用小喷嘴。为了防止飞溅物的黏附并易于清除，焊前最好在喷嘴的内外表面上喷一层防飞溅喷剂或刷硅油。

2）导电嘴。常用紫铜、铬青铜或磷青铜制造。通常导电嘴的孔径比焊丝直径大 0.2 mm 左右：孔径太小，送丝阻力大；孔径太大则送出的焊丝摆动厉害，致使焊缝宽窄不一，严重时使焊丝与导电嘴间起弧造成黏结或烧损。

3. 供气系统

供气系统由气瓶、减压器、流量计和气阀组成。气瓶内的高压氩气，通过减压器降压、流量计调节并测量氩气的流量，以形成良好的保护气流，操作时按动开关，电磁气阀启动来控制氩气的接通与关闭。

4. 控制系统

控制系统的作用是对供气、送丝和供电等系统实现控制。半自动焊的控制过程如图 11—9 所示。

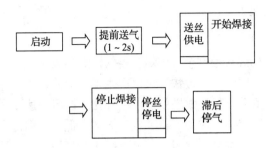

图 11—9 半自动熔化极氩弧钎焊控制过程方框图

第三节 电弧钎焊操作规范和安全要求

一、电弧钎焊操作规范

电弧钎焊操作规范主要包括焊接电流、电弧电压、焊接速度等。

1. 焊接电流

焊接电流是最重要的工艺参数，主要根据焊件厚度、材质和接头所在位置来选择。焊接电流影响着钎缝宽度和钎料熔化状况。

可观察电弧情况来判断焊接电流的大小是否合适：正常时，钨极端部呈熔化状的半球形，此时电弧稳定，焊缝成形良好；如果钨极粗而焊接电流小，钨极端部温度不够，电弧会在钨极端部不规则地飘移，电弧不稳定；如果焊接电流超过钨极相应直径的许用电流时，钨极端部温度达到或超过钨极的熔点，会出现钨极端部熔化现象，甚至产生夹钨缺陷，并且电弧不稳，焊接质量差。

2. 电弧电压

电弧电压主要由弧长决定。电弧长度增加，钎缝宽度增加，容易产生未焊透的缺陷，并使氧气保护效果变差。

熔化极氩弧钎焊的电弧电压高低决定了电弧长短与熔滴的过渡形式。只有当电弧电压与焊接电流有机地匹配，才能获得稳定的焊接过程。当电流与电弧电压匹配良好时，电弧稳定、飞溅少、声音柔和、钎缝熔合情况良好。

3. 焊接速度

电弧钎焊的焊接速度全靠施焊者根据钎缝的大小、形状和焊件熔合情况随时调节。因为焊速过快，可以产生很多缺陷，如未钎透、熔合情况不佳、焊道太薄、保护效果差、产生气孔等；但焊速太慢则又可能产生钎缝过热甚至烧穿、成形不良、生产效率太低等。因此，焊接速度的确定应由操作者在综合考虑板厚、电弧电压及焊接电流、层次、坡口形状及大小、熔合情况和钎焊位置等因素来确定并随时调整。

二、电弧钎焊操作安全要求

1. 电弧钎焊为明弧焊，对人体的紫外线辐射强度比焊条电弧焊要强数倍，容易引起电光眼及裸露皮肤的灼伤，工作时要穿戴好劳动保护用品，面罩上要使用 9 ~ 12 号的护目玻璃，各焊接工位之间应设置遮光屏。同时还伴有烟雾、金属粉尘等有害气体，焊接场地要安装排风装置，保证空气流通。

2. 电弧钎焊设备注意选用容量恰当的电源、电源开关、熔断器及辅助设备，以满足高负载率持续工作的要求。

3. 采用必要的防止触电措施与良好的隔离防护装置和自动断电装置；焊接设备必须保护接地或接零并经常进行检查和维修。

4. 采用必要的防火措施。由于金属飞溅引起火灾的危险性比其他焊接方法大，要求在焊接作业的周围采取可靠的隔离、遮蔽或防止火花飞溅的措施；焊工应有完善的劳动防护用具，防止人体灼伤。

5. 钨极氩弧钎焊若选用钍钨极，要知道钍元素有放射性危害，磨削钍钨极的砂轮机必须装有抽风装置。焊工应戴口罩，磨削完毕应洗净手脸。

第四节　电弧钎焊操作

1. 钨棒的氩弧钎焊

焊件图如图 11—10 所示。

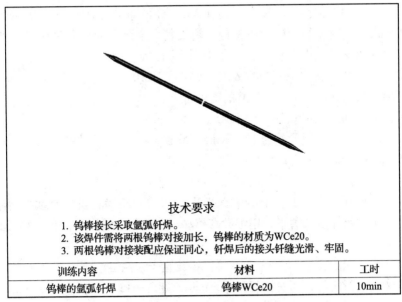

技术要求

1. 钨棒接长采取氩弧钎焊。
2. 该焊件需将两根钨棒对接加长，钨棒的材质为WCe20。
3. 两根钨棒对接装配应保证同心，钎焊后的接头钎缝光滑、牢固。

训练内容	材料	工时
钨棒的氩弧钎焊	钨棒WCe20	10min

图 11—10　钨棒的氩弧钎焊焊件图

2. 钨棒氩弧钎焊操作训练

钨棒的熔点高，化学活性低，当温度超过 400℃时极易氧化，由此表明钨棒不能用一般的熔焊方法焊接，故采取氩弧钎焊。

（1）焊前准备

1）钎焊设备。选择钨极氩弧焊机，如图 11—11 所示。

2）焊件、钎料、钎剂（见图 11—12）及夹具

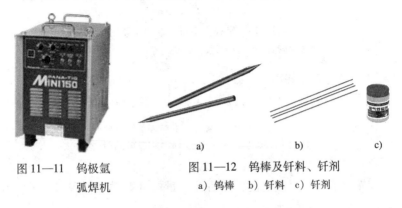

a)　　　　　　b)　　　　　　c)

图 11—11　钨极氩
弧焊机

图 11—12　钨棒及钎料、钎剂
a）钨棒　b）钎料　c）钎剂

①焊件。为钨棒电极，铈钨（WCe20），每支长 150 mm，使用到 50 mm 左右时，焊枪已无法夹持。钨及其合金乃是贵重金属材料，把弃之的钨棒予以再次利用，则通过钎焊方法连接在一起。

②钎料。选用 B – Cu58ZnMn（牌号 HL105）钎料，直径 2 mm。钎料的熔点在 1 410～1 450℃的温度范围。

③钎剂。选用 CJ301（硼砂）。

④夹具。紫铜尺寸为 150 mm×100 mm×3 mm（1 块），80 mm×40 mm×2 mm（2 块）。

3）钎焊前准备

①清理。将用于装配的紫铜板用砂布清理干净，露出金属光泽。待钎接的钨棒端部磨平，用细砂布擦净，并用丙酮清擦钨棒和紫铜板，晾干。

②装配。按图 11—13 所示将钨棒放置于紫铜工作垫板之上和两块小紫铜夹板之间，留对接间隙 1.5 mm（图 11—13 所示为直径 3 mm 钨棒）。

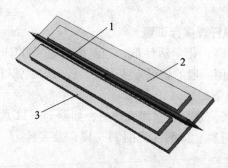

图 11—13　钨棒氩弧钎焊装配示意图

1—待焊钨棒　2—紫铜夹板　3—紫铜工作垫板

（2）确定氩弧钎焊工艺参数

采用氩弧钎焊连接钨棒，焊接电源为直流氩弧焊机，正极性。钨极直径选择 3 mm，喷嘴直径选择 16 mm，焊接电流为 90～100 A，氩气流量为 12 L/min。可通过试焊，找到最佳的钎焊工艺参数。

（3）焊接操作

首先调节所需焊接电流，然后捏少量的钎剂撒在钎焊接头处，在钎焊处附近的紫铜夹板上采取高频、脉冲起弧，电弧引燃后稍拉长，到钎缝处做环状摆动，将钨棒两端均匀加热，至钨棒接头红热时，迅速压低电弧，并及时加入钎料，熔滴很快填满间隙，立即熄弧，焊枪不要移开，在氩气延时保护下至钨棒钎点冷却。观察钨棒接头背面，如未钎透或钎料未填满，则重复上述操作。

（4）焊后处理

钨棒接头处如装配组对不良造成不直，须在暗红色之前，在氩气保护下用小锤轻轻敲直。若在冷却之后矫直，则易断。接头如有凸起，可用细砂轮磨削或锉平。钎焊后的钨棒如图11—14所示。

图11—14　钎焊后的钨棒

3. 钨棒使用时注意事项

（1）太短的钨棒在钎焊前最好预先磨出所需要的电极端部形状。

（2）钨棒从开始钎焊直至冷却，包括趁热矫直，均须用氩气保护，氩气流量为10～12 L/min。

（3）经钎焊的钨棒，使用时水冷效果必须良好。钨极接头在喷嘴内距离端部越短，则电流承载能力越小，电压越低。经测试直流正极性时，不超过一般规范下使用，钎焊钨棒接头处最短可用至长度16 mm。

4. 安全使用焊机

（1）焊工工作前，应看懂焊接设备使用说明书，掌握焊接设备的一般构造和正确的使用方法。

（2）焊机应按外部接线图正确连接，并检查铭牌电压值与网路电压值必须相符，外壳必须可靠接地。

（3）焊机使用前，必须检查水路、气路的连接是否良好，以保证焊接时正常供水、气。

（4）当钨极送入喷嘴后，不允许在带电状况下，将焊枪放在耳边来试探保护气体的流动情况。

（5）使用水冷系统的焊枪，应防止绝缘破坏而发生触电。

（6）焊接工作结束后，必须切断电源和气源，并仔细检查工作场所周围及防护设施，确认无起火危险后方能离开。

第十二章 碳弧钎焊安全

第一节 碳弧钎焊原理和安全特点

一、碳弧钎焊原理及特点

碳弧钎焊是利用碳电极（即碳棒）与焊件间产生的电弧加热母材，并将钎料熔化，实现母材连接的一种钎焊方法。

碳弧钎焊时如果选择直径较大电极，获得较大的焊接电流，可以钎焊大厚度的铜及铜合金焊件和紫铜母线；对于比热大、导热快的铝及铝合金也很适宜。

碳弧钎焊时，多采用直径较大的碳棒或石墨作电极，因此需要大功率的直流弧焊机作为碳弧钎焊的焊接电源，有时可以选用两台直流弧焊机并联使用，以获得比电弧焊大得多的焊接电流，如果选择碳弧钎焊、火焰钎焊、氩弧钎焊等几种钎焊方法来钎焊厚度较大的紫铜焊件，通过进行比较可知火焰钎焊时由于氧—乙炔火焰的热量小，能量不集中，不宜钎焊大厚度的纯铜焊件；氩弧钎焊所产生的热量，不能解决铜的高导热性，也不能胜任；仅碳弧钎焊可以通过选择适当直径的电极，采用大参数，获得较大能量，可以满足焊接的要求。

二、碳弧钎焊安全特点

碳弧钎焊所用的电流比电弧焊所用的焊接电流大得多，热量集中、弧光辐射更强烈，弧光的伤害也最大。同时也要防止触电事故的发生，尤其在较小的场所作业时，操作场地过于狭小，更应注意安全用电，同时又有一氧化碳、二氧化碳、焊粉的蒸气等气体，若操作现场没有通风装置来排除烟尘，其有害气体对人体会产生一定的危害。

第二节　碳弧钎焊设备及工具

碳弧钎焊设备主要由电源、碳弧焊钳、碳棒、焊接电缆等组成，如图 12—1 所示。

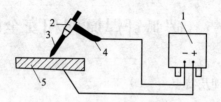

图 12—1　碳弧钎焊设备示意图
1—电源　2—碳弧焊钳　3—碳棒　4—焊接电缆　5—焊件

1. 焊接电源

碳弧钎焊一般采用功率较大的焊机，如 ZX5—500 型、ZXP—1000 型等直流弧焊机。

2. 碳弧焊钳

碳弧钎焊所用的焊钳其结构如图 12—2 所示。石墨电极用螺钉固定在焊钳头部的铜套上，在铜套外面焊上一圈小紫铜管，内通循环冷却水用以冷却焊钳，在小紫铜管上再套绝缘材料做的手把。

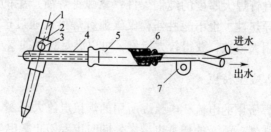

图 12—2　碳弧钎焊用焊钳
1—石墨电极　2—铜套　3—螺钉　4—紫铜管
5—绝缘手把　6—石棉　7—接线端

3. 碳弧钎焊所用电极

碳弧钎焊所用的电极有碳精电极和石墨电极两种。从这两种电极的物理性能来看（见表12—1），石墨电极比碳精电极能使用较大的焊接电流。

表 12—1　　　　　碳精电极和石墨电极的物理性能

电极的物理性能	碳精电极	石墨电极
压碎强度/MPa	30	15
开始氧化温度/℃	460 ~ 500	600 ~ 700
允许电流密度/（A/mm²）	100 ~ 200	200 ~ 600
导热系数/（W/cm·s·℃）	20	30

第三节　碳弧钎焊设备操作规范

碳弧钎焊一般选择直流弧焊电源，采用直流正接（焊件接正极）。这样，电弧稳定，便于操作，如用反接，则电弧燃烧不稳定，碳棒也因受高热而剧烈烧损。

碳弧钎焊可以采用碳或石墨电极。碳和石墨有良好的导电性和较高的熔点（3 800 ~ 4 200℃），碳电极比石墨电极的电阻大 2 ~ 3 倍，含灰量也大得多。因此，石墨电极的允许电流密度为 200 ~ 600 A/mm²，而碳电极为 100 ~ 200 A/mm²。电极的断面形状一般是圆形、方形或扁形。

为了使碳弧燃烧稳定，电极末端应加工成 20° ~ 30° 的顶角，如图 12—3 所示。顶角过小，电极消耗较快。顶角过大，电弧不稳，容易跑弧。焊接过程中发现顶角过小或过大时，应及时修整。夹电极时，在工作方便的前提下，电极导电部分越短越好。如伸出过长，则加速电极的氧化损耗。

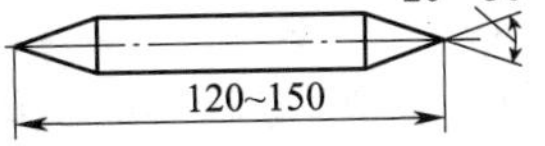

碳弧钎焊铝及铝合金、铜及其合金时，由于铝、铜的比热大、导热快，既要对母材加热不能熔化，则要求用大电流和

图 12—3　碳极尺寸

较高的电弧电压，又要使钎料达到熔化的工艺要求。实践证明，获得钎焊接头的良好质量，控制钎焊速度和钎焊时间是解决这个问题的关键。

第四节　碳弧钎焊操作

1. 阻尼环与阻尼杆碳弧钎焊

焊件图如图 12—4 所示。

技术要求

　　1. 阻尼环与阻尼杆的连接采取碳弧钎焊。

　　2. 该焊件由阻尼环与阻尼杆连接而成。

阻尼环为 $\phi 200mm \times 12mm$ 的紫铜（T2）圆柱，在偏离阻尼环中心50mm处加工一 $\phi 30mm$ 圆孔，并在上表面作45°倒角2mm×2mm。

阻尼杆为 $\phi 29.7mm \times 120mm$ 的黄铜（H68）圆柱，上表面作45°倒角2mm×2mm。

　　3. 装配时阻尼环与阻尼杆的上表面平齐，间隙均匀，保证相互垂直、同心。钎焊后的接头钎缝应光滑、牢固。

训练内容	材料	工时
阻尼环与阻尼杆碳弧钎焊	紫铜T2，黄铜H68	10min

图 12—4　阻尼环与阻尼杆碳弧钎焊焊件

2. 阻尼环与阻尼杆碳弧钎焊操作训练

（1）焊前准备

1）钎焊设备。选择 ZX5—1000 型弧焊机，如图 12—5 所示，以及碳弧焊钳、碳棒、焊接电缆等。

2）焊件、钎料、钎剂（见图 12—6）

图 12—5　直流弧焊机

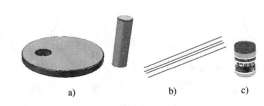

图 12—6　阻尼环与阻尼杆及钎料、钎剂

a）阻尼环与阻尼杆　b）钎料　c）钎剂

①焊件：该焊件由阻尼环与阻尼杆连接而成。

阻尼环为 T2 紫铜，加工尺寸为 $\phi200$ mm×12 mm，在偏离阻尼环中心 50 mm 处加工 $\phi30$ mm 孔，并在圆孔上表面加工 45°倒角 2 mm×2 mm。

阻尼杆为 H68 黄铜，加工尺寸为 $\phi29.7$ mm×120 mm，在阻尼杆上表面加工 45°倒角 2 mm×2 mm。

②钎料。选用 B – Ag15PCu 钎料，直径 3 mm。钎料的熔点在 750～780℃的温度范围之间。

③钎剂。钎剂为 1/3 硼砂加 2/3 的四氟硼酸钾无水酒精溶液。

3）清理与装配

①将黄铜杆两端约 20 mm 范围内，用砂纸打磨去除氧化皮，并用清洁的汽油洗去紫铜孔内和黄铜杆端部的油污。

②用紫铜锤将黄铜杆打入槽孔，使黄铜杆端头与紫铜环齐平。阻尼杆与阻尼环的装配间隙为 0.1～0.15 mm。钎焊时将磁极竖放，阻尼环处于水平位置。

4）钎焊前准备。用无水酒精溶液将钎剂调成稀薄的液体，用毛笔蘸钎剂滴在阻尼环和阻尼杆接头上，钎剂被无水酒精溶液带入间隙之中。待酒精挥发干燥后即可进行钎焊。

（2）确定碳弧钎焊工艺参数

碳弧钎焊选择大容量的焊接电源 ZX5—1000 型弧焊机，正极性。碳棒直径选择 10 mm，焊接电流为 500～600 A。可通过试焊，找到最佳的钎焊工艺参数。

（3）钎焊操作

首先调节所需焊接电流，在钎焊处附近垫一引弧板，在其上引弧，起弧后，电弧稍拉长，到钎缝处做环状摆动，将焊件均匀加热，至钎焊接头红热（注意千万不要将母材熔化），待铜环呈红色（约 800℃），将银钎料触及钎接接头处，使钎料熔化，靠毛细管作用钎料被吸入间隙中，并作长弧烘烤焊件，使钎料流满整个间隙，上下面都形成饱满的圆根，立即熄弧，至钎缝冷却。观察钎缝接头背面，如未钎透或钎料未填满，则重复上述操作。

3. 钎焊后清理

为防止残余熔剂的腐蚀作用，钎焊后应马上进行清洗，用 10% ~ 15% 柠檬酸水溶液，刷洗钎接接头处。最好趁铜环未完全冷却之前，在温度为 150 ~ 200℃ 时进行。然后再用热水冲洗，最后用压缩空气吹干。

4. 安全操作注意事项

（1）操作现场应有通风装置来排除烟尘，以减少有害气体对人体的危害。

（2）穿戴好劳动保护用品，防止弧光辐射，同时要防止触电事故的发生。

（3）焊机使用前，检查电路、水路连接是否良好，保证焊接时正常供水。

（4）焊接工作结束后，必须切断电源和水源，并仔细检查工作场所周围及防护设施，确认无起火危险后方能离开。